KB124145

**What
am
I**

What am I

초판 1쇄 발행 2019년 5월 27일
초판 6쇄 발행 2022년 10월 21일

지은이	나흥식
펴낸곳	도서출판 이와우
주소	경기도 파주시 운정역길 99-18
전화	031-945-9616
이메일	editorwoo@hotmail.com
홈페이지	www.ewawoo.com
디자인	책은우주다
출판등록	2013년 7월 8일 제2013-000115호

ISBN 978-89-98933-34-0 (03470)

국내 최고 뇌의학자가 전하는
'생물학적 인간'에 대한 통찰

**What
am
I**

!

나흥식 지음

이와우

머리말

"모든 학문은 인간에서 시작해 인간으로 귀결됩니다."

제가 고려대학교 핵심 교양과목인 '생물학적 인간'을 강의하면서 학생들에게 강조해서 하는 말입니다. 이 책은 '생물학적 인간'의 강의 내용을 정리해 쓴 것입니다. 이 과목을 개설한 동기는, 강의를 수강한 학생들이 생명의 존엄성과 환경의 중요성을 알게 하는 것입니다. 강의의 주요 주제는 생명, 인간, 환경이며 자연과학과 인문학의 내용을 접목시켜 강의를 진행합니다.

이과와 문과를 철저하게 갈라놓은 대한민국의 학생들은 건너편의 학문에 관심이 없을 뿐 아니라 전공이 아닌 것에 대해 모르는 것을 당연하게 생각합니다. 인간에 대해서 공부할 때 문과생들은 형이상학적인 면만을 추구하며, 이과생들은 인체의 구조와 기능을 파헤치기만 하면 충분하다고 착각합니다. 고등학교에서 시작한 이런 학문적 편식은 대학에 들어와 구체화되며, 전문가가 될수록 강화되어 심한 경우에는 건너편을 폄하하기도 합니다. 건너편을 무시하는 근본적인 원인은 그쪽 내용을 잘 몰라서입니다. 몰라서 두려운 것도 한몫할 것입니다.

그러나 건너편을 알면 알수록 새롭기 때문에 좋아할 수밖에 없습니다. 예전에 '생물학적 인간' 수업을 들었던 한 법과대학 학생이 "강의를 듣고 의료법학을 전공하고 싶어졌습니다"라고 강의 소감문을 쓴 것은, 학문 간 융합을 추구하는 교육자로서 쾌재를 부를 만한 사건이었습니다. 생물의 '생' 자도 몰랐던, 좀 더 솔직하게 말하면 관심조차 없었던 학생이 의학에 관심을 갖고 의료법학을 공부하고 싶다고 한 것은 정말 통쾌한 일이었습니다. 이 책이 이과와 문과로 편을 갈라서 공부했던 분들은 물론, 현재 진행 중인 대학생과 고등학생에게도 학문적 장벽을 깨고 사고를 확장할 수 있는 계기를 마련해주었으면 합니다.

할머니의 옛날이야기는 항상 흥미진진합니다. "어흥!" 소리와 함께 등장하는 호랑이와 우리 편이 항상 이기고 마는 권선징악 스토리는, 들을 때마다 집중을 유도하는 마성의 힘을 발휘합니다. 손주는 이야기 도중 할머니에게 질문을 하거나, 자기의 생각을 얹어서 이야기의 내용을 바꾸려고 시도하는 등 자기가 이야기의 중심에 들어가려고 노력합니다. 손주를 재우려고 시작한 할머니의 옛날이야기는 계속 해달라는 손주의 등쌀에 속편에 3편까지 이어지곤 하니, 적당히 이야기를 끝내고 손주를 재우는 것도 할머니의 또 다른 기술입니다.

군이 할머니의 옛날이야기를 들춰낼 것도 없습니다. 탄탄한 스토리를 바탕으로 발 빠르게 전개되는 TV 드라마나 영화가 온 국민에게 폭발적인 관심을 받는 것도 크게 달라 보이지 않습니다. 모든 선생님들은 이렇게 생각할 것입니다. '학생들이 드라마나 영화를 볼 때처럼 내

강의에 집중하면 얼마나 좋을까?' 뇌과학을 전공한 제가 생각하기에 뇌는 자물쇠로 굳게 잠겨 있습니다. 새로운 정보를 쉽게 받아들이려 하지 않습니다. 학생들은 수업을 듣기보다 밖에 나가서 놀기를 원하고, 선생님조차 연수교육을 받는 것을 싫어합니다. 강연 내용이 복잡하고 재미까지 없다면, 선생님들도 조는 경우가 허다합니다.

그런데 학생이건 선생님이건 왜 모두 옛날이야기와 TV 드라마는 좋아할까요? 답은 재미있는 이야기에 있습니다. 선생님이 단편적인 형태의 지식을 연결 고리도 없이 전달하려 하면 학생들의 뇌는 입장을 허용하지 않습니다. 반면 재미있는 이야기는 잠겨 있는 뇌를 여는 열쇠가 되어 뇌의 입구를 활짝 열어젖힙니다. 인간이 다른 동물과 크게 다른 부분이 '스토리텔링'을 할 줄 안다는 것입니다. 손주가 할머니의 옛날이야기를 듣는 도중에 이야기의 중심에 들어와 내용을 바꾸려고 개입하는 것은, 할머니의 스토리텔링이 성공했다는 증거입니다. 강의실의 학생이 선생님의 강의에 개입해 폭풍 질문을 한다면, 선생님의 스토리텔링도 성공한 것으로 보입니다.

이 책은 이야기가 과학과 인문학을 연결시키는 잠재력이 있다는 믿음으로, 독자 모두가 과학에 흥미를 갖도록 이야기 형식으로 내용을 구성했습니다. "논리적인 과학자의 이야기는 인간의 사고를 과학문화로 끌어들이는 고무적인 수단"이라는 하버드대학교 진화생물학자 에드워드 윌슨Edward Wilson 교수의 말처럼, 많은 사람들이 이 책을 재미있게 읽으면서 인간과 환경에 대해 많은 것을 생각해보는 기회를 가졌으면 합니다.

강의한 내용을 정리해 문장으로 쓰다 보니, 강의할 때는 미처 생각하지 못했던 내용이나 미비한 부분이 보였습니다. 이를 보강함으로써 책의 내용은 물론 강의자료까지 튼실해진 것이 이 책을 쓰고 나서 기뻤던 일 중 하나입니다. 이 책을 읽고 많은 사람들이 생명, 인간, 환경에 대해 생각해보는 기회를 갖는 것은 물론, 인위적으로 분리해놓은 이과와 문과의 장벽을 허무는 데 동참해주기를 바랍니다.

? 차례

1.
집단 사냥의 속성을 이용하라

방글라데시의 은행가이자 경제학 교수인 무하마드 유누스Muhammad Yunus는 '마이크로 크레디트'를 대중화한 그라민 은행으로 2006년 노벨평화상을 수상했습니다. 그라민 은행의 특징 중 하나는 담보 없이 10명 이하의 집단에게 대출해준 뒤 한 명이 갚지 않으면 집단에게 책임을 물리는 방법을 채택했다는 것입니다. 이 사업은 42명으로 시작해 몇 년 후에는 500가구를 빈곤에서 구해주기에 이르렀습니다. 이후 그라민 은행으로 발전시켜 전 세계의 빈민 700만 명에게 대출, 97퍼센트 이상 상환이라는 전대미문의 업적을 달성했습니다. 무담보로 대출해

주면 돈을 받지 못한다는 기존의 생각을 보기 좋게 뒤집은 셈입니다.

인간의 유전자 속에는 황야에서 10명 이하의 작은 집단으로 사냥을 성공시켰던 상생의 태곳적 본능이 들어 있습니다. 한 명이라도 방심하면 포위망이 뚫려 먹이를 놓치고 모두가 굶게 됩니다. 실수 후에 쏟아질 동료들의 비난은 죽을 만큼 싫을 수 있습니다. 유누스 교수는 이 속성을 이용해 한 명이 갚지 않으면 집단에게 책임을 묻는 마이크로 크레디트를 완성시켰습니다.

전국의 의과대학이 그렇듯이, 필자가 근무하는 의과대학도 영재로 가득합니다. 모두가 엄청난 능력을 가지고 있어서 등수를 매기기가 버거울 정도입니다. 그러나 둘만 있어도 조금의 차이로 앞뒤를 정할 수 있듯이, 100명이 넘는 의과대학 학생을 시험 성적에 따라 줄을 세우는 것은 그리 어려운 일이 아닙니다. 그런데 이것이 최선의 방법일까요? 전 그 점에 항상 의문이 있었습니다.

필자는 교육의 궁극적인 목적이 줄 세우기가 아니라

모든 학생이 학습 내용을 알게 하는 것이라는 생각으로 실험적인 교육 방법 하나를 시도했습니다. Modified team－based learning(개선된 팀 기반 학습)이 그것입니다. 먼저 10명으로 구성된 조에 과제를 줍니다. 그리고 공동 보고서를 내게 한 뒤 보고서 점수를 조원 모두에게 동일하게 부여했습니다.

예상하시겠지만 대부분의 학생은 열심히 참여하는 반면 뒷짐지고 방관자처럼 행동하는 일부가 꼭 있었습니다. 교육을 하다 보면 항상 이 방관자가 문제입니다. 이를 보완하는 문제가 무엇보다 중요했습니다. 그래서 보고서를 받은 뒤 임의로 선발된 학생에게 구술시험을 시행했고 이 구술시험 점수 또한 조원 모두에게 동일하게 부여했습니다.

이후 엄청난 변화가 나타났습니다. 뒷짐을 지고 방관했던 학생은 친구들에게 피해를 줄까 걱정되어 적극적으로 참여하게 됐고, 자기 안의 울타리에 갇혀 있던 학생들이 마음을 열고 토론하기 시작했으며 모두가 서로의 선생님이 되기를 자청했습니다. 서로의 선생님이 되는 방법은 보다 큰 긍정적인 효과를 가져왔습니다. 남을 가르치려면 정확하게 알아야 합니다. 대충 알아서는 동료의 질문에 제대로 답하기 힘듭니다. 알려는 학생과 알려주려는 학생 모두에게 긍정적인 효과가 나타난 셈이죠. 이 학습 방법의 결과는 실로 대단했습니다. 모든 조의 보고서는 완벽했고 잘하는 학생은 물론 뒤처질 것이라고 예상했던 학생의 구술시험 성적도 수준급으로 향상되었습니다. 교육의 궁극적인 목적이 석차 매기기가 아닌 내용 전달이라면, 이 방법은 성공할 가능성이 매우 높다는 것을 알 수 있습니다.

오래전부터 유대인들은 하브루타 수업을 해왔습니다. 혼자서 책과 씨름하기보다는 친구들과 질문하고 토론하는 형태의 하브루타 수업은 이스라엘의 히브리대학교에서 도서관을 제일 시끄러운 곳으로 만든다고 합니다.

미국 행동과학연구소에서 공부 방법에 따른 학습 효율성을 비교한 결과를 보면 24시간이 지나서 머릿속에 남아 있는 공부 내용이 '강의 듣기'는 5퍼센트, '읽기'는 10퍼센트, '집단 토의'는 50퍼센트, '서로 설명하기'는 90퍼센트였다고 합니다. Modified team-based learning 은 새롭게 시도한 수업 방법이었지만 그 선택은 옳았습 니다. 우리 학생들도 원시인과 같이 상생을 염두에 둔 사 냥 본능을 유전자 깊숙이 갖고 있는 게 아닐까요?

2.
고통의 구세주 엔도르핀

엔도르핀〔endorphin, endo(안, 내부)+morphine〕은 이름에서도 알
수 있듯이 우리 몸에서 분비되는 아편입니다. 엔도르핀
은 심한 운동, 흥분, 통증, 매운맛 등 강한 자극에 의해 뇌
에서 분비되며 고통을 완화시키는 작용을 합니다. 매운
음식을 좋아하는 사람은 매운맛에 중독되어 있다기보다
는 먹은 후에 나오는 엔도르핀에 중독되어 있다고 보는
편이 맞을 것입니다.

마라톤 선수는 달리는 도중 몸이 날아갈 듯 가벼워지
는 '러너스 하이runner's high'를 경험하게 됩니다. 러너스
하이는 이견이 있으나 엔도르핀의 분비와 깊은 관련이

있는 것으로 알려져 있으며, 운동중독이라는 말도 엔도르핀과 깊은 연관이 있습니다. 이는 인류가 원시 시절 육체적 고통을 이기고 짐승을 끝까지 추적해 사냥에 성공하게 만드는 데 크게 기여했을 것으로 보입니다.

그러나 때론 엔도르핀의 진통작용이 근육골격계를 무리하게 작동시켜 근육 손상이나 피로 골절 등을 일으키기도 합니다. 더구나 엔도르핀은 성호르몬을 억제하는 작용이 있어서 여자 운동선수를 월경 불순이나 무월경 환자로 만들어버리기도 합니다. 할머니나 어머니가 경중경중 뛰어다니는 여자아이에게 "너 그렇게 뛰어다니면 시집가서 아기 못 낳는다"라고 말씀하시는 것이 빈말이 아닐 수도 있습니다. 소림사 스님이 끊임없는 무술 훈련을 하는 이유가 엔도르핀의 성 억제작용을 통해 성적 자극으로부터 자유로워지려는 것이라고 생각해볼 수도 있습니다. 극심한 훈련을 통해 우락부락한 몸을 가진 운동선수들이 성적으로도 그만큼 강할지 의심해볼 여지도 바로 여기에 있습니다.

침술은 동양권에서 2,000년 넘게 시술되어 왔으며, 현재 160여 개 나라에서 시술되고 있습니다. 세계보건기구에서 인정한 침술 적용 질환은 43개 정도입니다. 한의학의 대표적인 치료 방법 중 하나인 침술이 통증을 완화시키는 것은 오래전부터 잘 알려진 사실입니다. 최근 들어서는 이런 침의 진통작용이 엔도르핀의 분비에 의한 것으로 밝혀지고 있습니다. 이 이론은 엔도르핀 차단제에 의해 침의 진통작용이 사라진다는 연구결과가 보고되면서 더욱 확실해지고 있습니다.

미국 국립보건원의 릴리Lilly 교수는 따뜻한 소금물이 반쯤 채워진 격리탱크isolation tank에 사람을 눕게 하고 외부 자극을 차단하면 엔도르핀이 분비된다고 보고했습니다. 이 연구 발표 이후 격리 탱크는 부유탱크floatation tank, 싱크탱크think tank 등 다양한 형태로 개량되어 스트레스나 불면증 등을 치료하는 데 이용되고 있습니다. 외부 자극을 차단한다는 의미에서 보면 격리탱크에 들어가는 것은 명상을 하는 것과 유사합니다. 명상에 의해 몸이 가벼워지는 듯한 느낌이 드는 것도 명상 중 외부나 내부의 자극이 줄어들어 엔도르핀이 분비되기 때문일 겁니다. 자극이 아주 강하거나 없을 때 모두 엔도르핀이 분비된다는 것은 신기한 일입니다.

엔도르핀은 태아와는 뗄 수 없는 중요한 관계에 있습니다. 태아 쪽 태반은 엔도르핀을 분비해 영양분을 태아 쪽으로 많이 오게 합니다. 태아가 엔도르핀을 이용해 엄마를 기분 좋게 만들면서 자기의 잇속을 챙기려 엄마를 속이는 것입니다. 그러나 아기를 낳으면 태반과 함께 엔도르핀도 사라져, 엔도르핀에 젖어 있던 엄마는 아편중독자가 금단 현상을 겪듯이 산후우울증에 빠집니다. 조금 다행스러운 것은 아기가 젖을 빨면 엄마의 뇌에서 옥시토신oxytocin과 함께 엔도르핀이 다시 분비되어 산후우울증이 완화된다는 것입니다. 이 와중에도 아기의 목적은 엄마의 건강이 아니라 젖이라는 것이 얄밉기도 합니다. (태아와 엄마의 갈등은 이뿐만이 아닙니다. 임신중독은 태아가 자기에게 영양분이 잘 공급되도록 엄마의 혈압과 혈당을 높이기 때문에 나타나는 현상입니다.) 엄마의 엔도르핀을 분비하게 하는 또 다른 자극은 피부 접촉입니다. 끊임없는 피부 접촉을 통해 엔도르핀이 분비되면 엄마와 아기는 더할 수 없는 기쁨을 느끼게 됩니다.

서로의 털을 골라주고 있는 원숭이들은 피부 접촉을 통해 서로에게 엔도르핀을 선물합니다. 반면 털 대신 옷을 입고 있는 인간은 상대적으로 피부 접촉이 부족하기에 피부 접촉으로 얻을 수 있는 엔도르핀 양이 원숭이에 비해 적습니다. 대신 인간은 웃음으로 엔도르핀을 보충하고 있습니다. 따라서 여러 사람들과 어울려 지내면서 많이 웃고, 피부 접촉(스킨십)도 많이 하길 권합니다. 혹 엔도르핀중독에 대해 걱정하는 이가 있다면, 아무리 웃어도 아편중독자가 될 정도로 엔도르핀이 나오지 않으니 걱정하지 말기를 바랍니다.

3.
생명체 최초의 호르몬, 멜라토닌

수면을 유도하는 호르몬으로 알려진 멜라토닌melatonin은 피부 관련 연구를 통해 처음 알려졌습니다. 1917년 맥코드McCord와 앨런Allen 교수가 시행한 연구에서 올챙이 피부에 있는 까만 점이 소의 송과체 추출물에 의해 줄어든다는 것이 밝혀졌습니다. 이후 1958년 예일대학교 의과대학 피부과 교수인 러너Lerner 연구팀은 쥐의 오줌에서 이 물질을 추출해 처음으로 멜라토닌이라고 명명했고, 이를 피부질환 치료에 이용했습니다. 1975년 린치Lynch 등은 사람의 송과체에도 멜라토닌이 있으며, 이 호르몬이 수면이나 생체리듬과 관련이 있다는 연구결과를 보고

해 관심의 대상이 됐습니다.

멜리토닌의 분비는 망막에 들어온 빛에 의해 억제되며 낮보다는 밤에, 여름보다는 겨울에 증가합니다. 나이가 들면 멜라토닌의 분비 시간이 젊은 사람들보다 앞당겨지며 분비량도 줄어듭니다. 연세가 드신 어르신들이 초저녁에 주무시고 새벽에 일찍 일어나시는 이유가 멜라토닌의 분비 시간이 앞당겨지기 때문입니다.

학습과 기억을 향상시키는 것으로 알려진 멜라토닌이 나이가 들수록 줄어드는 것을 보면 하루가 다르게 기억이 가물가물해지는 것이 이해가 됩니다. 멜라토닌은 치매의 원인 물질로 알려진 베타아밀로이드amyloid-β의 생성을 억제해 치매를 예방하는 기능도 갖고 있습니다. 인간의 수명이 길어지면서 멜라토닌의 분비가 줄고, 이에 따라 치매 환자가 늘어나는 것은 당연한 결과일지 모릅니다.

멜라토닌은 수면장애 치료에도 이용됩니다. 수면 부족으로 고생하는 많은 환자들이 멜라토닌을 복용해 수면의 질을 높이고 있습니다. 그러나 시차나 야간 근무 같은 외부적인 이유로 인한 수면 부족의 경우에는 그 효과가 그 외 환자에서만큼 잘 나타나지 않기도 합니다. 멜라토닌을 복용하면 꿈을 꾸는 시기인 안구진탕REM, Rapid Eye Movement 수면 시간이 길어지며 꿈의 양과 함께 생생함도 더해져 학자들 사이에 관심의 대상이 되고 있기도 합니다.

멜라토닌이 갖는 또 하나의 강력한 기능은 산소 찌꺼기 인 유해산소를 제거하는 항산화작용입니다. 잠을 자게 한 뒤 낮에 만들어진 유해산소의 폐해를 없애는 멜라토닌의 전략은 단연 탁월합니다. 피부 노화가 유해산소와 관련이 있으므로 '미인은 잠꾸러기'라는 말이 수긍이 갑니다.

흰쥐를 이용한 동물실험에서도, 멜라토닌은 노화에 의 해 변한 13개의 유전자를 복원시켰으며 항산화작용을 통 해 퇴행성 신경질환을 방지했고 수명을 연장시켰습니다. 유해산소가 성인병, 암, 치매 등 인간을 괴롭히는 여러 가 지 만성 질환의 원인이기도 하므로 멜라토닌을 만병통치 약이라고 부르는 게 무리가 아닐 수도 있습니다. 이런 내 용을 바탕으로 학자들은 멜라토닌이 태초에 산소를 이용 하기 시작한 생명체도 갖고 있었을 생명체 최초의 호르몬일 것이라고 주장하기도 합니다.

멜라토닌은 자폐증과도 깊은 관련이 있습니다. 자폐증 환자는 정상인보다 멜라토닌의 혈중 농도가 낮으며 자폐아의 부모 중 자폐 증상이 나타나지 않은 사람이라도 멜라토닌과 멜라토닌 합성효소인 ASMTN-Acetylserotonin O-methyltransferase가 부족하다는 연구결과가 있습니다. 자폐증 환자에게 나타나는 수면장애 소견은 잠이 드는 데 오래 걸리며 자다가 쉽게 깬다는 것입니다. 이런 환자에게 멜라토닌을 주입하면 쉽게 잠이 들며 수면 시간이 길어지는 등 증상이 완화되는 것을 볼 수 있습니다.

멜라토닌은 화란국화나 고추나물과 같은 식물에서도 생성됩니다. 식물이 광주기에 적응하거나 가혹한 환경을 극복할 때 멜라토닌이 관여하며 동물에서와 같이 유해산소를 제거하는 데도 멜라토닌이 관여합니다. 동식물을 가리지 않고 종횡무진 활약하고 있는 멜라토닌은 생명체가 유해산소에 대항하기 위해 만들어낸 위대한 발명품으로 생각됩니다.

독일 튀빙겐대학교의 스토얀 디미트로프Stoyan Dimitrov

교수 연구팀은 2019년 2월 「실험의학저널Journal of Experimental Medicine」에 '잠이 가장 좋은 치료약'인 이유를 발표했습니다. 연구팀은 잠이 면역세포 중 T임파구의 인테그린integrin단백질을 활성화시켜 바이러스에 감염된 세포의 파괴를 촉진시킨다고 했습니다. 이 연구는 면역을 강화시키는 잠의 유익한 효과와 함께 우울증이나 만성 스트레스와 같은 수면장애의 해로운 효과를 이해하는 데 도움을 주었습니다.

세계보건기구는 2007년 '야간 근무'를 '암 유발 가능 요소'로 분류했습니다. 밤에 밝은 불빛 아래에서 일하면 암의 생성을 억제하는 멜라토닌이 적게 분비되므로 암에 걸릴 확률이 높아지기 때문입니다. 실제로 야간에 근무하는 사람에게서 암 발생률이 높으며, 멜라토닌을 복용하면 사망률이 줄어든다는 것은 임상적으로 의미하는 바가 큽니다. 특히 유방암세포는 멜라토닌과 깊은 관련이 있어서 침실을 밝게 해놓는 여성일수록 유방암에 걸릴 확률이 높습니다. 잘 때 빛공해에 시달리고 있는 현대인에게 안대를 추천합니다.

4.
강심장의 비밀

동물은 움직이지 않으면 건강을 잃습니다. 아무리 건강한 사람도 장기간 침대에 누워 있으면 환자가 될 수 있습니다. 운동은 심장의 기능을 개선시키고, 혈관벽에 있는 지방을 제거해 동맥경화를 없애줍니다. 의사들이 고혈압 등 심장병을 가진 환자에게 지속적인 운동을 권유하는 이유입니다. 그러나 무턱대고 하는 운동은 때론 몸에 해가 될 수도 있습니다. 따라서 운동의 종류나 방법이 그만큼 중요한데, 이를 결정하는 중요한 척도가 바로 우리 몸 혈압의 변화입니다.

운동을 시작하면 곧바로 교감신경이 흥분해 심장이

빠르고 강하게 뛰며, 혈관이 수축돼 혈압이 오르기 시작합니다. 운동 중 골격근의 수축에 의해 정맥의 피가 심장으로 많이 보내지는 것도 혈압이 높아지는 원인입니다. 그러나 시간이 조금 지나면 골격근에 젖산과 같은 대사산물이 생겨 혈관을 이완시킵니다. 골격근은 우리 몸의 40퍼센트를 차지할 정도로 큰 장기이기 때문에, 골격근에 있는 혈관이 이완되면 운동 초반에 올라갔던 혈압을 낮출 수 있습니다.

고혈압 환자가 운동을 하라는 의사의 조언에 따라, 추운 겨울에 밖에 나가 바로 운동을 시작하면 큰일을 당할 수 있습니다. 운동을 시작하면 곧바로 혈압이 오르는 데다 찬 기온에 의해 피부혈관이 수축되는 것도 혈압을 높이기 때문입니다. 운동이 약이 아니라 독이 되는 것입니다.

이것을 극복할 수 있는 가장 확실한 방법은 운동 전에 준비운동을 하는 것입니다. 운동을 하기 전에 따뜻한 실내에서 몸을 푸는 정도로 준비운동을 하면 혈압의 상승요인은 천천히 나타나면서 골격근 내 대사 산물이 혈관을 이완시켜 급격하게 혈압이 오르는 것을 막을 수 있습니다. 운동선수들이 시합 전에 준비운동을 하는 것은 운동 능력을 높이고 부상을 방지하기 위해 근골격계를 워밍업 시키려는 목적도 있지만, 심장혈관계를 운동에 적응시키려는 목적도 있습니다.

운동을 하다가 갑자기 멈추면 혈압이 떨어지기 시작하므로 이 또한 좋지 않습니다. 운동을 중단하는 순간 교감신경의 흥분이 진정되는 등 혈압 상승 요인은 급격히 사라지지만, 골격근에 만들어져 있던 대사 산물은 천천히 사라지기 때문입니다. 이것을 극복할 수 있는 방법은 정리운동을 하는 것입니다. 운동을 천천히 정리하듯 마무리하면 교감신경을 천천히 진정시키면서 골격근 내 대사 산물도 천천히 사라지게 해 혈압이 급격하게 떨어지는 것을 막을 수 있습니다.

남자 성인의 심장이 한 번 뛸 때 내보내는 혈액은 70밀리리터 정도이며 1분당 평균 심장박동수가 72회이므로 심장이 1분당 내보내는 혈액의 양은 약 5리터입니다. 그러나 운동선수들처럼 지속적으로 훈련을 받은 사람은 심장이 한 번 뛸 때 100밀리리터 이상의 혈액을 내보냅니다. 일반인들에 비해 약 50퍼센트의 피를 심장 한 번의 박동에 더 보낼 수 있게 된 거죠. 이는 꾸준한 운동을 하면 근육이 커지듯이 심장도 커지기 때문입니다.

몸무게가 비슷하다면 운동선수들도 평상시에는 일반인과 같이 1분에 약 5리터의 혈액이 필요합니다. 그러므로 심장이 한 번 뛸 때 100밀리리터의 혈액을 내보내는 운동선수의 1분당 심장박동수는 일반인의 약 70회보다 20회가 적은 50회 정도입니다. 심장이 늦게 뛸수록 관상동맥의 혈류량이 늘어납니다. 따라서 운동을 통해 운동선수들처럼 심장박동수를 낮추는 것이 심장을 튼튼하게 만드는 지름길이라는 것을 잊지 않기 바랍니다.

심장이 운동선수들처럼 커져버린 사람들이 또 있습니다. 고혈압 환자입니다. 동맥경화 등에 의해 동맥의 저항이 커지면, 심장이 피를 내보내기가 어려워 심장이 커지는 것입니다. 그러나 고혈압 환자와 운동선수의 건강 상태는 극과 극입니다. 가장 큰 이유는 운동선수들 심장의 관상동맥은 커진 심장에 피를 공급하기에 충분한 정도로 잘 발달되어 있는 반면, 고혈압 환자의 관상동맥은 제대로 발달되어 있지 않기 때문입니다. 이 차이는 심장에 주어지는 스트레스의 형태가 다르기 때문에 나타납니다. 운동선수들이 훈련을 할 때 심장이 받는 스트레스는 아무리 길어야 하루에 5~6시간 정도이며 훈련과 휴식을 반복하는 간헐적인 형태이지만, 고혈압 환자의 심장이 받는 스트레스는 하루 24시간 내내 지속적으로 주어집니다.

생명체가 건강하게 살아가려면 스트레스가 절대적으로 필요하지만, 스트레스의 종류가 어느 것이든 지속적인 형태보다는 간헐적인 것이 효과적입니다. 제 수업 역시 120분 계속하는 것보다는 50분을 하고 10분씩 쉬는 방법이 비교할 수 없을 만큼 효과적인 것처럼요.

5.
갑자기 일어날 때 어지러운 이유는?

일정하게 지속되는 자극은 신경을 둔하게 만듭니다. 처음에는 견디기 어려운 재래식 화장실의 악취가 조금 후 견딜 만해지는 것은 후각신경이 둔해지기 때문이죠. 열탕에 들어가 시간이 조금 지나면 피부에 닿은 물의 온도가 일정하게 유지되어 견딜 만해지지만, 또 다시 누군가가 탕에 들어와 온도의 균형을 깨뜨리면 바로 뜨겁게 느껴지는 것도 같은 이치입니다. 오랜만에 만난 친구가 처음에는 반갑게 느껴지지만, 시간이 지나면서 그 감흥이 줄었다가 헤어질 때 다시 안타까워지는 것은 우리가 흔히 경험하는 일입니다.

앉아 있다가 갑자기 일어나면, 피가 다리 쪽으로 모여 심장으로 향하는 피가 줄어들게 되므로 혈압이 낮아집니다. 저혈압은 뇌에 피를 제대로 공급하지 못해 어지러움 증이나 기절 등 위험한 상황을 일으킬 수 있습니다. 그러나 건강한 사람은 갑자기 일어나도 저혈압이 나타나지 않습니다. 혈압감시체계인 동맥의 압력수용체가 혈압이 낮아진 사실을 감지한 후, 뇌에 있는 교감신경을 흥분시키고 부교감신경을 억제시켜 낮아진 혈압을 순식간에 정상화시키기 때문입니다.

갑자기 일어날 때 어지러운 분들은 앞서 설명한 혈압감시체계 기능이 제대로 작동하지 않기 때문입니다. 이를 '자세성 저혈압'이라고 부르며, 사우나와 같이 더운 곳에서는 혈관이 이완되어 저혈압이 더 심하게 나타날 수도 있습니다. 자세성 저혈압은 어지러움 그 자체보다도 넘어져서 발생하는 2차 사고가 더 위험한데, 이를 방지할 수 있는 방법은 의외로 간단합니다. 갑작스러운 혈압의 변화를 막기 위해 천천히 일어나면 됩니다.

일시적으로 혈압이 높아지면, 저혈압 때와는 반대로

압력수용체가 교감신경을 억제시키고 부교감신경을 흥분시켜서 높아졌던 혈압을 정상으로 만듭니다. 이런 논리대로라면 압력수용체라는 감시체계가 제대로 작동하는 한 고혈압이나 저혈압으로 고생하는 환자는 없어야 합니다. 그러나 실제로는 그렇지 않습니다.

양치기 소년이 "늑대가 나타났다"라고 거짓말을 하면 놀란 주민들은 양을 지키러 뛰어나옵니다. 하지만 거짓말이 반복되면 진짜 늑대가 나타나도 아무도 나와 보지 않아 큰 화를 입게 됩니다. 우리 몸에서도 유사한 상황이 벌어집니다. 반복되는 거짓말에 이골이 난 주민들이 양치기 소년의 외침을 무시해버리듯 지속적인 자극에 의해 둔해진 신경이 더 이상 반응하지 않는 상황이 발생하는 거죠.

고혈압 환자는 1년 열두 달 내내 혈압이 높습니다. 마을 사람들이 양치기 소년의 반복된 거짓말에 이골이 나듯, 압력수용체가 둔해져서 혈압에 대한 감시 및 조절 기능을 상실하게 됩니다. 몸에는 압력수용체가 있음에도 불구하고 고혈압이나 저혈압 환자가 존재하는 이유가 바로 이 때문입니다. 압력수용체에 의한 혈압 조절 기능은 반응 속도가 아주 빨라서 순간적인 혈압 변화에 신속하게 대처한다는 장점이 있지만, 쉽게 둔감해지기 때문에 장기적으로 지속되는 혈압 변화에는 제대로 대처하지 못한다는 단점이 있다는 것입니다.

돈, 명예, 권력을 모두 가지면 행복할까요? 우리는 많은 사람들이 부러워하는 사회적 위치나 권력의 자리에 올라서도 자신이 갖고 있는 것들에 대한 모자람을 표하며 끊임없이 더 많은 것을 원하는 사람들을 쉽게 접할 수 있습니다.

부탄이란 나라가 있습니다. 세상에서 가장 행복한 나라로 자주 언급되는 나라입니다. 부탄 국민의 97퍼센트는 자신의 삶이 행복하다고 말합니다. 부탄의 일인당 국민소득은 1,000달러 정도밖에 되지 않습니다. 이런 부탄이 3만 달러 이상의 국민소득을 자랑하는 여러 선진국들을 제치고 세상에서 가장 행복한 나라로 선정된 이유는 무엇일까요. 부탄이 국민의 행복을 최우선으로 하는 여러 가지 국가정책을 시행하기 때문이기도 하겠지만, 국민 모두가 지금 가진 것에 대해 덜 익숙해하는, 그래서 항상 만족해하며 고마워하는 마음가짐을 갖고 있기 때문이 아닐까요.

원효대사는 큰 꿈을 안고 중국으로 유학을 가던 도중, 잠결에 갈증을 씻어주었던 물이 해골에 든 썩은 물이었음을 알고 '이 세상의 모든 것이 다 내 마음속에 있다'는 것을 깨달았다고 합니다. 진위 여부를 떠나 풍요를 만끽하면서도 불만이 가득한 현대인에게 시사하는 바가 큰 이야기입니다.

6.
MSG에 대한 오해?

그리스도 교회가 회교도에게 빼앗긴 성지 예루살렘을 찾기 위해 약 360년간 치른 십자군전쟁은 100만 명 이상의 사망자를 냈습니다. 전쟁의 원인이 단지 성지 때문이었다는 것이 한심해 보이지만 성지 순례가 목숨보다도 더 중요했던 그들에게는 성지를 탈환하는 것이 그 무엇보다 중요한 진리였을 겁니다.

현대에도 비슷하지만, 종교인 사이의 잔인함은 종교의 본질을 의심케 하기에 충분할 정도로 대단합니다. 십자군전쟁을 일으켰던 사람들이 현대인보다 머리가 나빠서 그런 일을 저질렀을까요? 진화의 속도가 매우 느리다는 것을 감안하면 지능의 차이보다는 나치의 독일이나 제국 시대의 일본에서 보았듯, 집단을 '우매한 군중'으로 몰아가는 무서운 힘이 십자군전쟁을 일으킨 원흉이라고 생각합니다.

한동안 커피에 들어 있는 카제인나트륨이 독극물처럼 취급된 적이 있습니다. 이 한심한 상황은 한 커피 회사가 판매량을 도저히 따라잡을 수 없을 것 같은 경쟁사를 넘어뜨리기 위해 꾸며낸 광고 카피에서 시작됐습니다.

우유에는 지방, 유당, 유단백질이 들어 있습니다. 이 중에서 지방을 빼면 무지방 우유가 되고, 유당까지 빼면 유단백질인 카제인만 남습니다. 물에 잘 녹도록 카제인에 나트륨을 붙인 것이 카제인나트륨입니다. 그런데 왜 이런 카제인나트륨을 해롭다고 한 것일까요? 이 논리대로라면 카제인이 들어 있는 우유도 유해하다고 해야 할 것입니다.

그러나 문제의 카피로 인해 커피 매출 순위가 잠시 뒤바뀔 정도로 광고 효과는 대단했습니다. 두 회사의 사활을 건 싸움도 볼만했죠. 후에 한국식품안전연구원이 나서서 카제인나트륨이 인체에 무해하다고 발표하면서 이 싸움은 일단락됐습니다. 그러나 유명 여배우가 자신이 들고 있던 커피잔을 가루로 뿌리면서 걸어가는 광고 장면은 아직도 많은 사람의 뇌리에 남아 있습니다.

현재 독극물처럼 취급되는 인공조미료 MSGmonosodium glutamate에 대한 오해도 카제인나트륨과 유사합니다. 오래전 국내의 어느 한 조미료 회사가 난공불락의 경쟁사를 모함하기 위해 꾸며낸 "우리는 화학조미료인 MSG를 사용하지 않습니다"라는 광고 카피로부터 오해가 시작됐습니다. 그러나 누명을 씌웠던 회사의 제품에도 MSG가 일정량 들어 있었다는 사실은 쓴웃음을 짓게 합니다.

MSG의 성분인 글루탐산glutamate은 '감칠맛'을 내는 아미노산입니다. 감칠맛은 기존에 4대 미각으로 알려진 단맛, 짠맛, 쓴맛, 신맛에 이어 새롭게 밝혀진 5번째 미각으로, 단백질의 표지 역할을 하며 우리에게 쾌감을 선물합니다. 실제로 MSG가 미각이 둔해진 어르신들의 입맛을 돋게 하고, 입맛을 잃은 환자의 치료제로 이용되고 있는 것은 의학계에선 공공연한 사실입니다. 미각이 제대로 발달하지 않은 신생아를 위해 모유에는 글루탐산 성분이 들어 있습니다.

이런 MSG가 해롭다는 근거는 무엇일까요? 한때 일부 연구자들이 중국 음식을 먹은 후 나타나는 졸림, 두통, 천식, 매스꺼움 등을 MSG와 연관된 '중화요리증후군 Chinese restaurant syndrome'이라고 주장했으나, 최근 들어 많은 과학자들에 의해 이 증상 모두가 MSG와 무관하다는 것이 밝혀졌습니다. MSG를 넣은 맛있는 음식을 너무 많이 먹어서 비만이 된다면 모를까, 현재 의학적으로 밝혀진 인체에 대한 유해성은 없습니다. 혹시 아직도 MSG가 건강을 해칠 것이라고 믿고 있다면, 국민 일인당 MSG를 가장 많이 소비하는 나라가 일본이라는 사실 그리고 그런 일본이 최장수국이라는 것을 한번 생각해보시길 바랍니다.

혈액형과 성격을 연결시키려는 나라는 한국과 일본뿐입니다. 1970년 일본의 방송 프로듀서인 노미 마사히코

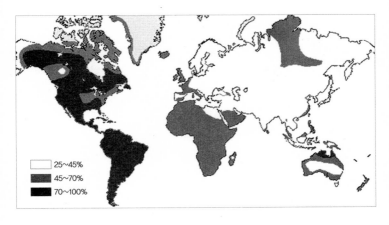

◆ 전 세계 O형의 분포도

25~45%
45~70%
70~100%

가 쓴 『혈액형 성격설』이라는 책이 인기를 끌자, 우리나라에서도 번역본이 출간되었고 현재는 오히려 우리나라가 일본보다도 더 혈액형별 성격이 존재한다고 굳게 믿고 있습니다. 그러나 과테말라에 가면 O형이 100퍼센트에 가깝습니다. 그렇다면 과테말라 사람들은 모두 유사한 성격을 갖고 있을까요? 위의 지도처럼 아메리카 모든 국가는 O형이 대부분이니 혈액형으로 성격을 맞추려는 생각은 더 이상 하지 않기를 바랍니다.

현대인은 발달된 문명을 갖춘 복잡한 사회에 살고 있습니다. 과학기술이 신의 경지에 가까울 만큼 발달한 세상에 살고 있어서, 복잡한 상황에 처했을 때 대응은 커녕 본질을 제대로 파악하지 못하는 경우가 태반입니다. 따라서 스스로 상황을 판단하기가 벅차다고 판단되면 그것을 악착같이 따져서 진위를 밝히기보다는 사실을 그대로 받아들이는 '우매한 군중'에 숨어버리려 합니다. 그런 방법이 훨씬 편하기 때문입니다. 그러나 그렇기 때문에 더욱더 누군가가 자신들의 편의를 위해 만들어놓은 '거짓 진실' 속 우매한 군중으로 살아가는 일을 경계해야 하겠습니다. 앞서 말씀드린 MSG나 카제인나트륨의 예처럼 말이죠.

7.
감각들의 전쟁

음악을 감상하거나, 사랑을 나눌 때 인간은 왜 눈을 감을
까요? 정답부터 이야기하면 다른 감각을 억제시키기 위
해서입니다. 우리가 느끼는 모든 감각은 서로 경쟁 관계
에 있기 때문입니다.

　이해가 쉽지 않을 겁니다. 이 경쟁 관계를 이해하기 위
해선 시각을 이해해야 합니다. 시각은 시냅스를 가장 많
이 가지고 있는 이 경쟁의 절대 강자입니다. 음악 감상
시 청각이나 사랑을 나눌 때 성적 자극을 느끼는 감각은
시각의 강력한 등살에 느끼는 바를 뇌에 제대로 전달할
수가 없습니다. 당연히 이 감각들은 이렇게 요구합니다.

'시각만 없다면 훨씬 정확하게 정보를 전달할 수 있을 텐데. 시각아 사라져라.' 그래서 눈을 감는 겁니다. 그럼 더 잘 느낄 수 있으니까요.

따라서 음악을 감상할 때 눈을 감으면 음악 소리를 정확히 들을 수 있고, 성적 감각도 눈을 감으면 뚜렷하게 느낄 수 있습니다. 반면 그림을 감상하면서 귀를 막는 사람은 없습니다. 아주 큰 소음이라면 몰라도 청각이 시각을 간섭하기에는 역부족이기 때문이죠.

통각과 가려운 감각, 이 둘은 사람을 포함한 모든 동물이 싫어하는 피부감각의 쌍두마차입니다. 어느 것이 더 싫은가요? 통각과 가려운 감각, 불쾌하지만 둘 다 우리의 생명을 유지하기 위해 없어서는 안 될 중요한 방어 정보입니다. 통각은 우리를 위험한 자극으로부터 벗어나게 해주며, 벌레 등 작은 기생생물에 의해 유발되는 가려운 감각은 긁어서 기생생물을 떼어내게 만듭니다.

그런데 통각과 가려운 감각 또한 경쟁 관계에 있습니다. 가려운 부분을 긁으면 아파지면서 가려움증이 사라지는 경험을 해보셨을 겁니다. 통각이 가려운 감각을 완화시킨 겁니다. 좋은 예가 있습니다. 모기에 물렸을 때입니다. 모기에 물리면 어떻게 하나요. 때론 가려운 부분이 피가 날 정도로 긁곤 합니다. 피가 나도록 아프게 긁는 것은 자해 행위입니다. 그런데 그런 자해 행위를 합니다. 긁어서 통증이 생기면 가려움이 없어지기 때문이죠.

비슷한 예는 수없이 많습니다. 책상 모서리에 발가락을 부딪히면 반사적으로 발가락을 손으로 문지릅니다. 아픈 곳을 문지르는 것은 촉각 자극이 통증을 완화시키기 때문입니다. 동물이 아픈 곳을 핥거나 어린아이가 아픈 곳을 살살 문지르는 이유 역시 유사합니다. 본능적으로 통증을 완화하는 방법을 알고 있는 거죠.

통각을 유발할 정도의 열 자극 또는 냉 자극이 가려움증을 완화시킨다는 연구결과 또한 통각과 가려운 감각의 경쟁 관계를 증명합니다. 즉, 어떤 자극이든 그 강도가 강해서 통증을 느끼면 가려움증이 사라진다는 이야기죠. 반대의 경우도 마찬가지입니다. 유전공학적으로 통각을 느끼지 못하게 만든 생쥐에서 가려움증이 나타나며, 진통제인 모르핀은 통증을 완화시키는 대신 부작용으로 가려움증을 유발한다고 합니다.

　이런 질문을 할 수도 있을 것 같습니다. 그럼 우리는 통증보다는 가려움증을 더 싫어하는 걸까요? 모기에 물려 가려울 때 피가 나도록 긁는 것을 보면, 가려움증이 통증보다 더 싫은 것이 분명하단 생각이 들기도 합니다만 이를 쾌감hedonic sensation이란 시각으로 보는 사람들도 있습니다. 경험해보셨을 겁니다. 가려운 곳을 긁고 난 후 통증과 함께 오는 그 시원함을. 이 쾌감이 긁으려는 욕망의 근원이며 (아직 정확히 밝혀지지 않아 논란의 대상이 되고는 있지만) 이 쾌감이 인간이 느낄 수 있는 최고의 쾌감 중 하나라고 주장하는 학자도 있습니다.

　아토피 피부염 환자가 긁는 행동을 멈추는 시점이 있습니다. 그런데 이 시점은 가려움증이 사라져서가 아니라 긁어서 더 이상 통증을 느끼지 못할 뿐 아니라 더 이상 쾌감도 느끼지 못할 때라는 임상 연구결과가 있습니다. 또한 최근 최첨단 뇌영상 진단기기(PET 또는 fMRI)를 통해 쾌감과 관련이 있는 전두엽 부위가 가려움증 및 긁는 행동과 밀접한 관련이 있다는 사실이 밝혀지면서 '가려움증 – 통증 – 쾌감'으로 연결되는 감각 도미노가 관심의 대상이 되기도 했습니다.

그동안 의학적으로 통각과 가려운 감각은 서로 다른 신경섬유에 의해 정보가 전달되기 때문에 다른 종류의 감각으로 알려져 왔습니다. 그러나 최근 들어 대상포진에 의한 만성 통증이나 아토피에 의한 만성 가려움증이 서로 비슷한 기전에 의해 유발되는 것으로 알려져 학계의 관심을 끌고 있으며 향후 치료제 개발에 단초도 제시하고 있습니다. 실제로 가바펜틴Gabapentin이라는 약제는 만성 통증과 만성 가려움증 모두에 뛰어난 치료 효과를 보여 '통증과 가려움증의 경쟁'이라는 개념을 머쓱하게 만들기도 했습니다.

8.
우리 몸의 모순

우리 몸이 갖고 있는 모순적 특징에 대해서 이야기해볼
까 합니다. 복합부위 통증증후군CRPS, Complex Regional Pain
Syndrome이란 병이 있습니다. 부분적인 신경손상에 의해
통증이 나타나는데 살짝 건드리기만 해도 기절할 정도로
아픕니다. 환자에 따라서는 통증이 20~30년간 지속되
어 환자가 의사에게 아픈 부위를 잘라달라고 하거나 자
살을 시도하기도 합니다.

'루프스lupus'의 한 증상으로 복합부위 통증증후군
를 앓다가 자살한 행복전도사 고 최윤희 박사는 유서에
"700가지 통증에 시달려본 분이라면 저의 마음을 조금

은 이해해주시리라 생각합니다"라고 그의 고통을 남겼습니다. 처절하기 그지없는 그의 글을 읽다 보면 그저 적당한 수준의 통증을 느끼며 살고 있는 현실이 얼마나 고마운지 모릅니다. 인간에게 통증은 그만큼 괴로운 일입니다. 가시에 찔리는 것은 아프고 괴로운 일이죠. 세게 부딪히거나, 뜨거운 것에 화상을 입는 것도 마찬가지입니다. 모두가 통증을 유발하는 일들입니다.

그러나 아프면 반사적으로 피할 수 있고, 그 상황을 기억해뒀다가 대처할 수 있으므로 아프다는 기억은 효과적인 방어전략이기도 합니다. 아픔을 기억하지 못하거나 느끼지 못할 경우에 생길 수 있는 문제는 생각보다 심각합니다. 선천적 통각신경 결핍이란 병이 있습니다. 아픈 것을 느끼지 못하는 병이죠. 이 병에 걸린 사람은 온몸이 상처투성이며 여러 가지 사고로 인해 치명상을 당할 수 있습니다. 다른 한편으로 통각은 우리 몸의 파수꾼 역할을 하는 셈이죠.

스트레스가 몸에 해롭다는 것은 삼척동자도 압니다.

스트레스가 지속되면 면역을 억제하는 부신피질의 코르티솔과 부신수질의 카테콜아민이 과하게 분비됩니다. 그래서 두 호르몬을 스트레스호르몬이라고 말하기도 합니다. 스트레스가 심하면 감기를 비롯한 여러 질병에 쉽게 걸리는 것도 바로 이 두 호르몬의 영향이 큽니다. 스트레스 상황에서 이 두 물질이 과하게 분비되면서 면역을 억제하고 방해했기 때문이죠. 심하게는 백혈구의 기본 기능 중 하나인 암세포에 대한 감시 기능이 약화되어 암에도 쉽게 걸릴 수 있습니다.

그렇다면 우리 몸은 스트레스가 없는 세상이 좋을까요? 월요일이 싫다고 매일 일요일로만 지낸다면 좋을 리가 없듯이 그렇지 않습니다. '메기 효과'라고 들어보셨을 겁니다. 노르웨이의 한 어부가 정어리를 잡아 육지까지 운반하는 동안 정어리가 싱싱하게 살아 있도록 하기 위해 수조에 정어리의 천적인 메기를 함께 넣은 것에서 유래된 말입니다. 일부 학자의 반론이 있기는 하지만 적당한 스트레스가 집단을 건강하게 만들 듯 우리 몸도 일정량의 스트레스는 반드시 필요합니다.

대부분의 사람은 자외선을 공공의 적으로 생각합니다. 자외선은 기미, 주근깨, 광 알레르기의 원인이며 피부 노화를 일으키기 때문입니다. 그러나 일조량이 적은 북유럽에 사는 사람들은 해가 나면 웃옷을 벗고 일광욕을 즐깁니다. 자외선을 통해 비타민 D를 얻기 위함이죠. 비타민 D는 칼슘 대사에 관여해 뼈나 근육의 건강에 중요한 역할을 합니다. 뿐만 피부를 위해 자외선 차단제를 남용하는 것은, 훗날 뼈 건강에 큰 해가 될 수도 있습니다. 일조량이 부족하면 우울증에 잘 걸린다는 것도 공공연한 사실이 되었습니다. 피부 노화의 원흉으로만 알았던 자외선이 비타민 D 생성과 우울증 예방은 물론 피부의 살균작용까지 맡고 있다니, 자외선은 우리 몸에 양날의 칼과 같은 존재인 셈입니다.

최근 들어 과학자들은 유해산소가 우리 생명을 노리는 가장 무서운 적이라고 말합니다. 비만과 유사하게 노화, 암, 치매 등 인간을 위협하는 모든 질환의 중심에 유해산소가 있습니다. 이대로라면 유해산소는 말 그대로 해롭기만 한 존재 같습니다. 그러나 소량의 유해산소는 강력한 멸균작용과 함께 세포의 대사작용에 없어서는 안 될 결정적인 역할을 합니다.

간질환 환자의 황달 현상에 대해서 들어보셨을 겁니다. 간에서 대사됐어야 할 빌리루빈bilirubin(담즙 색소의 하나)이 제대로 처리되지 않은 채 혈관에 남아 피부가 누렇게 되는 것이죠. 황달은 생명을 위협하는 여러 가지 질환의 원인이기도 합니다. 다량의 빌리루빈은 간경화, 췌장염, 혈액응고 이상, 신부전, 패혈증 등 치명적인 질환을 일으키며 갓난아이의 뇌조직을 손상시켜 뇌 기능을 무너뜨리기도 합니다.

그러나 적당량의 빌리루빈은 유해산소를 없애는 등 우리 몸에 유리한 작용을 하기도 합니다. 분만 후 일주일 정도 유지되는 신생아 황달은 크게 걱정하지 않아도 됩니다. 태아가 호흡을 시작하면 갑자기 흡입되는 산소에 의해 다량의 유해산소가 생성되는데, 이것을 신생아 황달을 일으키는 빌리루빈이 없애주기 때문입니다. 황달을 유발하거나 대소변의 색깔을 담당하는 노폐물로만 알았던 빌리루빈까지 적당량이 필요하다는 것은 신기하기까지 합니다.

『중용中庸』은 공자의 손자인 자사가 쓴 책으로『대학』,
『논어』, 『맹자』와 함께 사서四書로 불립니다. '중中'은 지
나치거나 모자람이 없이 도리에 맞는 것을 뜻하며, '용庸'
이란 평상적이고 불변적인 것을 뜻합니다. 아리스토텔레
스의 덕론德論도 지나치거나 모자라지 않는 올바른 중간
에 기초해 정립된 개념입니다.

세상사가 다 그렇지만, 우리 몸의 어느 것도 서로 반대
방향을 보고 있는 '야누스의 두 얼굴'처럼 양극으로 치우
치기보다는 모자라거나 넘치지 않아야 건강하다는 것을
알 수 있습니다.

9.
유전자의 노예

생명체는 죽어도 유전자는 남습니다. 그래서인지 모든 생명체는 경쟁적으로 자기의 유전자를 보존하기 위해 수단과 방법을 가리지 않습니다.

수컷 실잠자리는 주걱 모양의 생식기를 이용해 암컷의 질을 긁어낸 뒤 사정합니다. 수컷 바위종다리는 암컷 꽁지를 쪼아 이전 짝짓기를 통해 갖고 있을지 모르는 정액을 분출시키며, 상어는 비데처럼 물을 뿜어 암컷 질의 정자를 제거시킵니다. 모든 포유류 수컷의 생식기는 버섯 모양이고, 짝짓기를 할 때 피스톤 운동을 합니다. 생식기가 버섯 모양인 것도, 짝짓기할 때 피스톤 운동을 하는 것도 하나하나 의미가 있습니다. 버섯 모양 생식기와 피스톤 운동은 자신보다 먼저 짝짓기했을 다른 수컷 경쟁자의 정자를 걷어낸 뒤 자신의 정자를 넣기에 최적의 모양과 행동입니다. 종류에 관계없이 자신의 유전자를 남기고 경쟁자가 될 수 있는 다른 개체의 유전자를 제거하기 위한 노력입니다. 모두가 '유전자의 노예'입니다.

가시고기는 부성애로 유명합니다. 암컷이 산란하고 가버리면 수컷이 수정을 시킨 뒤 부화할 때까지 먹이를 먹지도 않고 혼자 수정란을 지키다 굶어 죽기 때문입니다. 이렇듯 어류와 같은 체외수정 생명체의 경우 수정란에 대한 책임을 수컷이 지게 됩니다. 암컷이 산란한 후에 수컷이 수정을 시키기 때문이죠. 가시고기가 수정란 속의 자기 유전자를 지키려는 이기적 행동이 인간에 의해 '눈물의 부성애'로 미화됐을 가능성이 엿보입니다. 반대로 짝짓기를 통해 체내수정한 생명체는 수정란을 몸 안에 갖는 암컷이 수정란에 대한 책임을 지게 됩니다. 안타깝지만 인간의 모성애도 어쩌면 미화됐을 가능성이 있습니다.

난자의 부피는 정자의 약 8만 5,000배입니다. 유전자를 남기기 위해 수컷과 암컷 양쪽이 투자한 규모의 차이가 실로 어마어마합니다. 정자가 가지고 있는 것은 딸랑 유전정보와 추진기관에 해당하는 꼬리뿐이지만 난자에는 유전정보와 함께 수정란이 자라는 데 필요한 여러 소기관과 영양분이 잔뜩 들어 있습니다. 꿩이나 공작은 물론 모든 동물의 수컷이 암컷보다 아름다운 이유가 여기에 있는지도 모르겠습니다. 빈털터리인 정자가 큰손인 난자에게 잘 보여야 하기 때문인 거죠.

모든 포유동물은 암수 모두 암컷의 배란 시기를 압니다. 이를 통해 수정의 가능성을 높일 수 있도록 적절한 시기에 짝짓기를 합니다. 그러나 유독 사람만 배란 시기를 모릅니다. 일부 학자들은 여자가 바람을 피우기 위해 이렇게 진화했다고 주장하기도 합니다. 혹 부부가 한 가정에서 평생 함께 사는 것이 서로의 바람기를 견제하기 위해서라는 주장에는 동의하실 수 있으신가요.

인간은 논의에서 잠시 제외시키더라도 대부분의 암컷

동물은 배란기가 되면 대놓고 여러 수컷과 짝짓기를 하려는 바람기를 보입니다. 부부 금슬이 좋다고 알려진 새들도 새끼 네 마리 중 한 마리만 남편의 유전자를 가지고 있다는 사실은 웃음을 자아내게 합니다. 그러나 다양성의 추구라는 측면에서 보면 암컷의 바람기를 그렇게 부정적인 관점으로만 볼 수는 없습니다.

남자의 성적 흥분은 여자보다 빨리 끝납니다. 왜일까요. 남자의 흥분이 지체되면 그만큼 상대를 즐겁게 할 수 있습니다. 그러나 남자의 흥분이 너무 지체되어 여자가 먼저 흥분한다면 여자는 성행위를 먼저 멈출 것이고 남자는 사정에 실패할 것입니다. 결국 짝짓기의 최종 목적인 수정은 실패하겠죠. '기승전-수정'이란 관점에서 보면 당연한 결과인지도 모르겠습니다. 비뇨기과 교과서에서 남자의 짧은 흥분 기간(조루증)을 길게 하려는 치료 방법들을 다루고 있지만 흥분 기간을 짧게 하려는 치료는 없습니다. 생식의 기본적인 목적과는 거리가 먼 치료를 하고 있는 셈입니다.

동물의 젖은 새끼가 편하게 빨 수 있도록 되어 있습니다. 네 발로 걸어 다니는 모든 동물의 젖은 대부분 늘어져 있어서 새끼가 빨기 편하며 침팬지나 고릴라와 같은 유인원도 새끼가 젖을 잡아당겨 빨 수 있을 정도로 수유에 친화적인 모양을 갖고 있습니다.

그러나 사람의 젖은 늘어지지 않고 가슴에 붙어 있어서 아기들이 젖을 빠는 동안 코가 눌려 숨이 막힐 정도입니다. 이를 두고 일부 학자는 사람의 젖은 수유기관에서 성기로 바뀌고 있으며 생김새는 탄력 있는 엉덩이 모습과 유사해지고 있다고 주장합니다. 사람만큼 성을 즐기는 보노보 원숭이의 젖도 사람과 비슷하게 가슴에 붙어 있는 것을 보면 젖이 수유기관에서 성기로 변하고 있다는 주장이 옳아 보이기도 합니다.

지구상에서 머리카락이 계속 자라는 동물은 사람뿐입니다. 남녀 모두 상대방이 긴 머리카락에 매력을 느낀다는 사실을 간파하고 그 방향으로 성선택이 된 듯합니다. 수녀님과 이슬람 여성이 머리에 각각 베일과 히잡을 쓰는 이유는 성적 매력을 풍기는 머리카락을 의도적으로 가리려는 것으로 추측됩니다. 짧은 머리로 멋을 내려는 많은 분들께 도움이 되었길 바랍니다.

10.
소화기관은 열린회로다

소화기관은 열린회로입니다. 실뭉치의 한쪽 끝을 잡고 실 뭉치를 삼키게 한 후 다른 한쪽 끝이 항문으로 나오면 양 끝을 잡고 사람을 들 수 있습니다. 아무리 입을 다물고 항 문에 힘을 주어도 소화기관은 비어 있는 공간입니다.

삼킨 음식이 내 몸속으로 들어왔다고 말하려면 음식 물이 작은 입자로 변해 소화관의 점막세포를 통과해야만 합니다. 작은 입자라는 것은 탄수화물을 이루는 포도당, 단백질을 이루는 아미노산, 지방을 이루는 유리지방산과 모노글리세라이드 등을 말합니다. 음식물이 이런 작은 입자가 되려면 소화효소의 도움이 필요합니다. 소화효소가 음식물의 표면에 작용하므로 음식물의 표면적이 넓을수록 소화가 잘될 수 있습니다. 우리가 음식을 열심히 씹어야 하는 이유는 바로 음식물의 표면적을 넓혀 소화가 잘되게 만드는 데 있습니다. 음식을 씹지 않고 삼키면 표면적이 충분히 확보되지 않아서 소화가 제대로 되지 않을 수 있습니다. 씹지 않고 급하게 먹으면 체하는 이유가 이 때문입니다.

길이가 3미터인 소장을 잘라서 쫙 펴놓으면 흡수를 담당하는 융털돌기의 수가 어마어마하여, 넓이가 대략 테니스코트만 해집니다. 소화는 물론 흡수하는 과정에서도 넓은 표면적이 필요하다는 것을 알 수 있습니다. 음식 중에서 표면적을 가장 효과적으로 이용한 것 중 하나는 전 세계인이 즐겨 먹고 있는 국수입니다. 밀가루 반죽을 가는 국수로 만들어 표면적을 넓히면 아주 작은 열에너지로도 국수 전체를 짧은 시간 내에 익힐 수 있습니다. 만일 밀가루 반죽을 그냥 익혀서 먹는다면 열에너지가 많이 필요할 뿐만 아니라 속까지 익히려면 겉은 눌어붙거나 타버릴 수도 있습니다. 빈대떡과 피자, 어슷하게 썬 떡국 모두 표면적을 넓게 만든 대표적인 음식입니다. 파를 어슷하게 써는 것도 넓은 단면적을 확보해 좀 더 많은 성분이 우러나오게 하려는 것입니다. 요리도 소화도 표면적이 그만큼 중요합니다.

혹시 어릴 적 할머니께서 우유에 소금을 넣어서 드시는 걸 본 적이 있나요? 또는 우유에 설탕을 넣어 먹겠다는 나를 극히 말리셨던 어머니에 대한 기억은요? "왜요?"라는 질문에 할머니나 어머니가 딱히 정확한 답변을 하실 수 있으셨는지는 모르겠으나, 이는 분명 소화적 관점에서는 매우 과학적인 행동들이었습니다. 그 이유를 설명해드리겠습니다.

포도당과 나트륨은 함께 있어야 소화관 점막의 운반체를 통해 흡수됩니다. 그러나 포도당 자리를 단백질의 구성 성분인 아미노산도 차지하려 하기 때문에 포도당과 아미노산은 경쟁 관계입니다. 우유가 맛이 없다고 설탕을 넣어 먹으면 아미노산의 옆자리에 아미노산 경쟁자인 포도당을 배치한 셈이 됩니다. 이후 둘이 죽도록 싸우도록 말이죠. 우유에 설탕을 넣지 말라는 이유가 여기에 있습니다. 만약 우유를 먹는 목적이 단백질의 섭취에 있다면 말이죠. 초코, 딸기, 바나나 등 달콤한 맛 우유가 긴장해야 할 이유입니다.

예측하셨겠지만 우유를 가장 효과적으로 먹는 방법은 소금을 넣어 먹는 것입니다. 우유의 아미노산이 소금의 나트륨과 함께 효과적으로 흡수될 수 있기 때문이죠. 고기를 포함한 모든 음식을 짭짤하게 먹으려는 것도 이와 비슷한 이유입니다.

하이에나는 아프리카의 청소부로 불립니다. 상상할 수 없을 정도의 소화력으로 뼈와 썩은 고기는 물론 사슴의 뿔이나 발굽까지 먹어치웁니다. 썩은 고기를 먹고 배탈이 나지 않는 것이 신기하지만 하이에나는 썩은 고기를 더 좋아합니다. 대머리독수리도 썩은 고기는 물론 동물의 뼈까지 먹어치웁니다. 하이에나나 대머리독수리가 썩은 고기와 뼈를 먹을 수 있는 이유는 무엇일까요. 바로 위산에 답이 있습니다. 이들의 위산은 pH가 1입니다. 사람의 pH가 2이니 산도가 10배쯤 강한 셈입니다. 혹 상한 음식을 같이 먹고도 유달리 배탈이 잘 나지 않는 분이 계시다면 이분들의 위산도 하이에나나 대머리독수리처럼 pH가 보통 사람들보다 낮을 가능성이 있습니다. 물론 하이에나나 대머리독수리만큼은 아니겠지만요.

위산 분비는 단백질로 된 고기를 소화시키기 위해 만들어진 시스템입니다. 따라서 초식동물은 위산을 적게 분비하는 반면 풀을 잘 소화시키기 위해 긴 창자를 갖고 있습니다. 소나 사슴과 같은 초식동물의 배가 불룩한 이유는 많이 먹어서가 아니라 소화기관이 길기 때문입니다. 치타나 사자 같은 육식동물은 창자의 길이가 짧아서 얄미울 정도로 배가 홀쭉합니다. 오랜 기간 육식을 주식으로 했던 서양인들은 육식동물처럼 창자가 짧아서 상체가 짧고 하체가 깁니다. 반면 쌀을 포함해 채식을 주식으로 했던 동양인들은 긴 창자 때문에 서양인에 비해 상대적으로 상체가 깁니다. 요즘 우리나라 청소년들의 식습관이 서구화되면서 자기 부모와는 달리 체형 역시 서구화되는 것을 보면 환경이 얼마나 중요한지 알 수 있습니다.

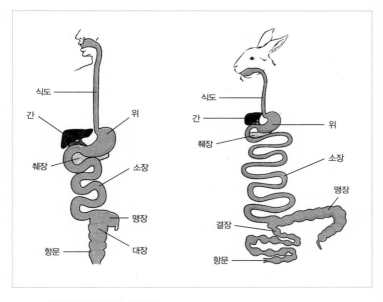

식도는 위산에 약합니다. 위벽은 비교적 산에 강하지만 식도의 벽은 역류한 위산에 의해 쉽게 손상됩니다. 위와 식도 사이의 괄약근이 정상이면 위액이 쉽게 역류하지 않지만 괄약근이 느슨해지면 위액이 역류해 역류성 식도염을 일으킵니다. 비만이나 위산 과다 상태에서는

괄약근이 정상이라도 역류성 식도염이 발생할 수 있습니다. 역류성 식도염 환자는 되도록이면 식후에 금방 눕지 말고 눕더라도 왼쪽으로 눕는 것이 역류를 예방할 수 있는 방법입니다. 담배는 위와 식도 사이의 괄약근을 약화시킵니다. 역류성 식도염을 앓고 있다면 반드시 담배를 끊어야 합니다.

아이를 키우는 사람이 아기에게 우유를 먹이고 난 후 반드시 하는 행위가 하나 있습니다. 바로 아이가 트림을 하게 만드는 일입니다. 트림을 시켜 아이가 토하는 것을 막기 위함입니다. 그런데 왜 트림을 시키면 토를 하지 않는 걸까요. 아기는 위와 식도 사이의 괄약근이 약합니다. 따라서 먹은 젖이 역류해 토하기 쉽습니다. 우유를 먹을 때 함께 삼킨 공기가 위의 압력을 높이는 것도 문제입니다. 따라서 우유를 먹인 뒤 아기를 어깨에 메고 등을 두드려서 트림을 시키면 위압이 낮아져 아기가 토하는 것을 막을 수 있습니다. 이것이 식후에 아이를 트림 시키는 이유입니다.

단것 좋아하시나요? 대부분의 사람들은 단맛을 좋아하고 또 즐깁니다. 하지만 유전적으로 단맛을 좀 더 좋아하는 사람들이 있습니다. 아니, 단맛을 좋아하기보다는 쓴맛을 '더' 싫어하는 사람들이 있습니다. 전체 사람의 약 25퍼센트는 보통 입맛보다 좀 더 민감한 입맛을 가지고 있습니다. '슈퍼테이스터supertaster'라 불리는 이 사람들은 보통 사람들보다 쓴맛에 대한 민감도가 3배쯤 높으며 전반적으로 채소를 싫어하는 특징을 갖고 있습니다. 특히 시금치, 브로콜리, 양배추 등 덜 단 채소를 싫어하는데 그래서 이들은 주로 단 음식을 즐겨 먹고 이들 중 다수는 비만이기도 합니다.

물론 인간처럼 모든 동물이 단것을 즐기는 것은 아닙니다. 달콤한 열매를 먹을 줄 아는 척추동물은 과일박쥐와 같은 일부 동물을 제외하면 원숭이, 유인원, 사람 정도가 전부입니다. 열매는 풀보다 영양가가 높은 매력적인 먹거리입니다. 하지만 열매가 언제, 어디서, 얼마나 열리는지 기억해두지 않으면 열매를 제대로 얻을 수 없습니다. 즉, 열매를 즐기기 위해선 머리가 좋아야 합니다. 뇌가 좋아하는 영양소가 달콤한 열매에 있는 포도당이라는 것은 우연이 아닐 겁니다. 세상에는 공짜가 없습니다.

여러분은 열매와 풀 중 어느 쪽을 좋아하십니까? 열매라 외치는 많은 분들께 주의 사항을 알려드립니다. 열매의 과다한 섭취는 당뇨병을 유발할 수 있습니다.

11.
혈압과 피에 대하여

심장혈관계는 닫힌회로입니다. 심장을 출발한 혈액이 동맥, 실핏줄, 정맥을 지나 심장으로 되돌아오는 순환회로이기 때문입니다. 닫힌회로에서는 압력(혈압)이 발생합니다. 혈압은 심장이 내보내는 혈액의 양과 혈관의 저항을 곱한 값으로 계산됩니다. 따라서 심장이 빠르고 강하게 뛰거나 전체 혈액량이 증가하거나 혈관이 좁아지면 혈압이 높아집니다.

건강검진을 하러 가면 꼭 혈압을 잽니다. "120에 80이요"라던 간호원의 말이 귀에 익으실 겁니다. 하지만 120은 뭐고 80은 뭔지 정작 아는 분들은 그리 많지 않습니다.

앞에 숫자는 수축기 혈압이며 뒤에 숫자는 이완기 혈압입니다. 수축기 혈압은 뇌를 포함한 우리 몸 구석구석에 피를 공급하기 위해 필요한 압력입니다. 뇌가 발이나 손보다 심장에 가까이 있지만 뇌에 피를 공급하려면 중력에 역행해야 하므로 수축기 혈압 정도의 압력이 필요합니다.

저혈압 환자가 기절하는 것은 낮은 압력 때문에 뇌에 혈액 공급이 제대로 되지 않아서입니다. 그런 환자가 기절하여 눕게 되면 중력에 대한 역행이 사라지므로 낮은 혈압으로도 뇌에 혈액을 공급할 수 있습니다. 따라서 빈혈이나 저혈압을 앓고 있는 환자가 쓰러지는 것은 뇌에 혈액을 공급하려는 기가 막힌 우리 몸의 방어기전인 셈입니다. 저혈압으로 기절해 쓰러져 있는 사람을 절대 일으켜 세우려고 하지 마십시오. 뇌에 혈액 공급을 막는 해로운 행동이 될 수 있습니다.

키가 최대 6미터나 되는 기린의 수축기압은 270수은주밀리미터mmHg이며 이완기압은 180수은주밀리미터입니다. 120/80에 비하면 배가 넘는 압력입니다. 이 엄청

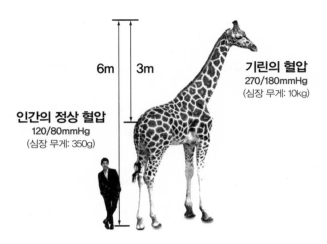

6m　3m

기린의 혈압
270/180mmHg
(심장 무게: 10kg)

인간의 정상 혈압
120/80mmHg
(심장 무게: 350g)

◆ 인간과 기린의 키와 혈압 비교

난 혈압을 만들기 위해 기린의 심장은 무게가 10킬로그램이나 되며 기린을 해부해보면 심장이 가슴의 반을 차지합니다. 머리 꼭대기에 위치한 아주 작은 뇌를 위해 엄청나게 큰 심장을 작동시키고 있는 기린은 진화의 관점에서 보면 도태될 위험성마저 있어 보입니다.

여기서 흥미로운 이야기를 하나 해보겠습니다. 십자가

에 못 박힌 예수님의 모습을 그린 많은 그림을 보셨을 겁니다. 그런데 많은 그림에 옥의 티가 있습니다. 그 옥의 티를 과학적으로 한번 설명해보겠습니다.

심장에서 힘차게 출발한 피가 동맥과 실핏줄을 지나 정맥에 도달하면, 혈압은 거의 '0수은주밀리미터'에 가까워집니다. 뇌나 얼굴과 같이 심장보다 높은 부위에 있는 장기의 정맥은 중력을 이용해 자신보다 아래에 위치한 심장으로 혈액을 쉽게 보낼 수 있지만 다리와 같이 심장보다 낮은 부위에 있는 정맥이 심장에 혈액을 보내는 것은 결코 쉽지 않습니다. 정맥은 혈관 주위에 있는 골격근의 수축에 의해 추진력을 얻습니다. 골격근이 수축과 이완을 반복하면 정맥이 눌리고 펴지는 것을 반복하면서 혈액을 흐르게 하며 정맥의 2~3센티미터마다 있는 판막이 역류를 막아 혈액이 심장 쪽으로 흐르도록 도와줍니다. 걸어 다닐 때보다 서 있을 때 다리가 더 붓는 것은 서 있을 때 골격근이 덜 수축하기 때문입니다.

그러나 십자가에 못 박히면 몸이 공중에 뜨기 때문에, 다리의 어느 근육도 수축할 수가 없어서 다리의 정맥피

◆ 십자가에 못 박힌 예수님을 그린 그림

가 나아가지 못하고 정체됩니다. 이 여파는 실핏줄에 전달되어 혈장이 실핏줄 밖으로 빠져나가 다리는 붓고 그만큼 혈액의 양이 줄어들면서 뇌로 가는 혈액의 양도 줄어듭니다. 그러다 결국은 사망하게 되는 거죠.

십자가에 못 박힌 예수님이 고개를 떨구고 있는 이유는 몸은 스스로를 쓰러뜨려 뇌에 혈액을 공급하려 했으나 팔다리가 못에 박혀 있어서 쓰러지지 못하고 고정되지 않은 머리만 숙여졌기 때문입니다. 예수님 그림이 좀 더 사실에 입각하려면 다리가 훨씬 더 부어 있어야 합니다. 뇌로 가는 피가 부족해 고개가 숙여졌다는 것은 많은 혈장이 빠져나가 혈액량이 상당히 줄었다는 것을 뜻하기 때문입니다.

심한 출혈로 응급실에 온 환자는 얼굴이 백지장 같습니다. 교감신경의 흥분에 의해 피부의 혈관이 수축됐기 때문입니다. 출혈로 혈액이 부족한 상황에서는 뇌나 심장 등 중요 장기에 혈액을 제대로 보내기 위해 교감신경이 피부 등 덜 중요한 장기의 혈관을 수축시키는 특단의 조치를 취합니다.

혈관의 개폐 조절인자는 대사의 정도에 따라 결정되는 국소조절과 자율신경계에 의해 결정되는 중앙조절이 있습니다. 우리 몸에서 가장 중요한 장기인 뇌와 심장은 국소조절을 통해 자기 세포들의 대사와 산소 요구량만을 생각하며 혈류를 조절할 수 있습니다. 다른 장기는 뒷전인 셈이죠. 이 두 장기가 우리 몸에서 얼마나 중요한지를 알 수 있는 대목입니다. 반면에 덜 중요한 장기인 피부나 소화기관은 교감신경에 의한 중앙조절에 따라 조종됩니다.

앞에서 서술했듯이 출혈로 혈액의 양이 줄어들면 뇌와 심장에 혈액을 제대로 공급하기 위해 다른 장기의 혈류가 줄어들어야 합니다. 이때 모든 장기가 뇌와 심장처럼 자기만을 생각한다면 우리 몸은 혈류가 부족해 공멸할 것입니다. 이런 상황을 막기 위해 교감신경은 피부나 소화기관과 같은 덜 중요한 장기의 혈관을 수축시켜 여분의 혈액을 뇌나 심장과 같은 중요 장기에 보내게 만들어진 것입니다. 지방자치제에서도 위급한 상황에는 중앙정부가 개입하는 것과 유사하지요.

12.
소변의 모든 것

우리가 먹는 탄수화물과 지방은 탄소C, 수소H, 산소O로
이뤄져 있고, 단백질은 여기에 질소N가 포함돼 있습니
다. 탄소, 수소, 산소는 대사를 마친 뒤 이산화탄소CO_2와
물H_2O이 되어 호기 가스로 배출됩니다. 그러나 질소는
기화될 수 없기 때문에 요소$(NH_2)_2CO$가 되어 소변으로 배
출됩니다. 그런 이유로 대변을 2~3일간 보지 못하면 변
비로 그칠 수 있지만 소변을 하루 종일 보지 못하면 요소
로 인한 요독증으로 사망할 수 있습니다. 이름은 작은 변
인 소변이지만 대변보다 훨씬 위력적인 면이 있습니다.

　다른 동물들도 단백질을 섭취한 뒤 질소를 몸 밖으로

내보냅니다. 어류는 질소를 암모니아NH_3로 만들어 아가미로 배출합니다. 암모니아는 수용성이며 독성이 강하지만, 생성에너지가 적게 든다는 장점이 있습니다. 알 속에 있는 어류의 새끼들도 자기가 생성한 암모니아에 의해 해를 입을 수 있지만 얇은 껍질을 통해 내보낼 수 있으므로 큰 문제가 되지 않습니다.

파충류와 조류는 질소를 요산$C_5H_4N_4O_3$으로 만듭니다. 요산은 물에 잘 녹지 않고 독성이 없지만, 만드는 데 에너지가 많이 든다는 단점이 있습니다. 아마도 파충류와 조류가 딱딱한 껍질 속의 새끼를 생각해 에너지가 들더라도 독성이 없는 요산을 선택한 것 같습니다. 혹시 머리에 새똥을 맞아본 적이 있나요? 새똥을 자세히 관찰해보면 하얀색의 것들이 보이는데 이것이 요산입니다. 새들은 대소변을 함께 보기 때문에, 새똥 속에는 물에 잘 녹지 않는 요산이 보입니다.

오줌은 네프론nephron에서 혈액이 걸러져 만들어집니다. 네프론은 사구체, 보먼주머니, 세뇨관으로 되어 있습니다. 변형된 실핏줄인 사구체는 혈액 내 여러 가지

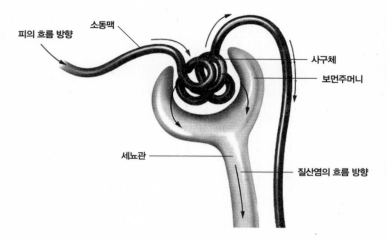

피의 흐름 방향

소동맥

사구체

보먼주머니

세뇨관

질산염의 흐름 방향

◆ 오줌을 만들어내는 네프론의 구조

물질을 여과시켜 보먼주머니를 통해 세뇨관으로 내려보
냅니다. 사구체에서 물질이 여과될 때는 여과의 여부가
크기만으로 결정되기 때문에 몸에 필요한 물질이 크기
가 작다는 이유로 안타깝게 여과될 수 있습니다. 또 해
로운 노폐물인데도 크기가 크다는 이유로 걸러지지 않
을 수도 있습니다.

그렇게 실수로 흘러간 물질들은 세뇨관에서 교정됩니

다. 작다는 이유로 잘못 여과된 이로운 물질은 세뇨관 주위에 있는 혈관으로 재흡수되며 크다는 이유로 걸러지지 않아 혈관에 남은 노폐물은 세뇨관으로 분비됩니다. 물의 경우 사구체에서 여과된 양의 99퍼센트가 재흡수되는 것을 보면 이 시스템의 에너지 낭비가 이만저만이 아닙니다. 우리 몸에서 좀 더 진화해야 할 부분이라고 생각됩니다.

항이뇨호르몬은 콩팥에서 물의 재흡수를 촉진시켜 소변량을 줄이는 작용을 합니다. 술이나 커피를 마신 후 소변을 많이 보는 이유는 알코올과 카페인이 항이뇨호르몬의 분비를 억제시키기 때문입니다. 평소에는 2~3시간마다 소변을 보지만 자고 있는 동안에는 소변을 보지 않습니다. 이유는 자고 있는 동안에 항이뇨호르몬이 많이 나와 소변의 양을 줄여주기 때문입니다. 그러나 요소를 포함한 노폐물의 배출량은 변하지 않으면서 소변 양만을 줄이기 때문에 자고 난 뒤 보는 소변의 냄새가 평소보다 지독합니다. 물론 자는 동안 깨어 있을 때처럼 소변을 자주 본다면 숙면을 취하지 못할 것입니다. 우리가 자고 있는 동안에도 숙면을 취할 수 있도록 돌봐주는 항이뇨호르몬이 그런 면에서는 참으로 기특합니다.

혹시 '요붕증'이라는 병을 들어봤나요? 항이뇨호르몬의 분비가 줄어들면 요붕증에 걸립니다. 정상인은 하루에 약 1.5리터의 소변을 보지만, 요붕증에 걸리면 10리터를 넘게 보기도 합니다. 정상보다 소변을 7배 정도 보는 것이니, 소변을 보러 화장실에 가는 것이 아니라 화장실에 있다가 가끔 볼일을 보러 나오는 것이 더 편할 정도입니다.

1669년 헤니히 브란트Hennig Brandt는 소변과 황금의 색깔이 비슷하다는 것에 착안해 소변을 증발시켜 황금을 만들려고 시도했습니다. 물론 결과는 실패였습니다. 그러나 그 과정에서 소변을 증발시켜 얻은 분말 속의 인산이 가벼운 충격에도 발화된다는 것을 알았고 이것은 후에 성냥을 발명하는 계기가 되었습니다. 많은 과학자들이 계획에 없던 연구에서 기상천외한 결과를 얻어 노벨상과 같은 큰 상을 받았다는 것은 잘 알려진 사실입니다.

소변에는 우로키나아제urokinase라는 물질이 들어 있습니다. 우로키나아제는 혈액응고 산물인 피브린fibrin을 녹이기 때문에 혈전 치료제로 이용됩니다. 혈관에 지방과 혈액응고 산물이 쌓여 생기는 동맥경화도 우로키나아제로 치료합니다. 예전에는 남자 공중화장실에 소변을 모으는 통이 있었습니다. 우로키나아제를 얻기 위한 것이었습니다.

쇠똥구리가 초식동물의 똥을 동그란 경단으로 만들어 그 속에 자기 알을 낳는다거나, 제주도의 흑돼지가 사람의 똥을 먹고 산다고 흉보지 않기 바랍니다. 우리가 소변을 통해 우로키나아제를 얻는 것과 별반 다르지 않은 일이기 때문입니다.

13.
호르몬: 원격조정기

우리 몸의 스트레스에 대한 대응은 주로 신경계와 내분비계가 담당합니다. 대부분의 신경계는 스트레스에 빠르게 대응하지만 완벽하게 대처하지 못하는 특징이 있습니다. 예를 들면 화장실에 들어가면 처음에는 괴롭지만 시간이 조금 지나면 둔감해져서 참을 만해지는 것처럼 말입니다. 반면 내분비계는 대응이 느리지만 스트레스를 완벽하게 처리합니다. 출혈에 의해 혈압이 낮아지면 '레닌renin'이라는 효소가 분비되고 레닌은 부신피질에서 소변량을 줄이는 '알도스테론aldosterone'을 분비시킵니다. 소변량을 줄여서 출혈로 부족해진 혈액을 보충하려는 속

셈입니다. 알도스테론은 출혈로 부족해진 혈액을 거의 완벽하게 보충하므로 이러한 대처가 바람직해 보이지만 앞서 말했듯 신경계와는 달리 작동이 매우 늦습니다.

따라서 신경계와 내분비계가 함께 일한다면 서로의 단점을 보완하는 최적의 조합이 될 수 있습니다. 마치 신경계가 류현진과 같은 선발 투수라면, 내분비계는 오승환과 같은 마무리 투수인 것이죠.

우리 몸의 분비기관은 내분비기관과 외분비기관으로 나눠집니다. 내분비기관에서 분비되는 호르몬은 혈관을 타고 돌아다니다 효과를 나타내므로 '원격조정기'라고 불립니다. 그러나 호르몬이 아무 장기에서나 작용하는 것은 아닙니다. 여러 장기 중 그 호르몬의 수용체가 있는 장기에서만 작용하며, 성호르몬에 의해 남자 여자가 결정되듯이 아주 적은 양으로도 엄청난 효과를 나타냅니다.

우리가 쓰고 있는 리모컨의 작동 원리는 호르몬과 유사합니다. 호르몬이 혈관을 타고 다니듯이 리모컨은 공기를 통해 멀리 떨어진 텔레비전에 정보를 보냅니다. 호르몬이 자기 수용체에서만 작용하듯이 삼성 리모컨이라면 LG 텔레비전에는 작동하지 않습니다.

내분비기관과는 달리 외분비기관은 자기만의 관(통로)을 가지고 있습니다. 내분비기관이 호르몬을 혈관으로 분비하는 것과는 달리 외분비기관인 침샘, 땀샘, 위액샘 등은 침샘관, 땀샘관, 위액샘관을 통해 외분비라는 이름 그대로 몸 바깥쪽으로 분비합니다.

내분비질환 1, 2위는 당뇨병과 갑상선질환입니다. 갑상선호르몬은 신체 발육뿐 아니라 뇌와 신경계 발달에도 관여하므로, 성장기에 기능이 저하되면 키도 작고 지능도 낮아지는 '크레티니즘cretinism'에 걸릴 수 있습니다. 혈중에 갑상선호르몬이 부족하면 시상하부에서는 갑상선 유리호르몬이, 뇌하수체에서는 갑상선자극호르몬이, 이어서 갑상선에서는 갑상선호르몬이 차례로 분비되어 갑성선호르몬이 일정하게 유지되도록 합니다.

갑상선자극호르몬은 갑상선호르몬을 분비시키는 일과 함께 갑상선을 크게 만드는 기능을 갖고 있습니다. 갑상선호르몬의 주원료는 해조류에 많이 들어 있는 요오드입니다. 우리나라처럼 해조류를 쉽게 구할 수 있으면 문제가 없지만, 몽고나 아프리카 내륙 지방과 같이 바다와 멀리 떨어져 있는 곳에서는 해조류 섭취가 부족해 갑상선호르몬과 관련된 심각한 질환이 발생하곤 합니다.

요오드를 적게 섭취하면 갑상선호르몬의 생성이 줄고 이에 따라 갑상선 유리 및 자극 호르몬이 증가되지만, 몸속에는 요오드가 없기 때문에 갑상선호르몬이 아닌 갑상선 유리 및 자극 호르몬만 계속 분비됩니다. 갑상선 크기는 큰 데 비해 기능은 저하된 상태가 됩니다. 이는 갑상선자극호르몬이 갑상선의 성장에 관여하기 때문에 나타나는 증상으로, 요오드의 섭취가 적으면 적을수록 갑상선의 크기는 점점 커집니다. 치료 방법은 무엇일까요? 미역국에 김이면 충분할 것입니다.

14.
우리 몸속의 빨간색들

피는 왜 빨간색일까요? 적혈구 속의 헤모글로빈hemoglobin
때문입니다. 헤모글로빈은 4개의 헴heme분자와 하나의
글로빈globin으로 구성돼 있으며, 헴분자는 철을 가지고
있습니다. 철이 산소와 결합해 녹슬면 빨개지듯 헤모글
로빈의 철도 산소와 결합하면 빨개집니다. 동맥피는 4개
의 헴분자 모두가 산소를 가지고 있어서 선홍색이지만,
정맥피는 3개의 헴분자만 산소를 가지고 있어서 자주색
을 띕니다.

　이발소를 상징하는 빨간색과 파란색 등은 정맥과 동
맥을 의미합니다. 옛날 유럽에서는 의사가 이발사이기도

했으며 그때 만들어졌던 표시가 지금까지 전해 내려오는 것입니다. 그러나 이발소 등을 포함해 정맥을 파랗게 나타내는 것은, 색상 대비를 위해 과장한 것이 분명합니다. 정확히 말하면 선홍색과 자주색이 맞습니다. 참고로 곤충의 피는 철 대신 구리를 가진 헤모시아닌hemocyanin으로 돼 있어서 구리가 녹슨 색깔인 초록색을 띕니다.

근육이 붉은빛을 띠는 것은 미오글로빈myoglobin 때문입니다. 미오글로빈은 하나의 헴분자와 하나의 글로빈으로 이뤄져서, 앞선 이야기한 헴분자가 4개인 헤모글로빈보다는 덜 빨갛습니다. 근육이 적혈구보다 덜 빨간 이유입니다.

그런데 근육도 다 같은 근육이 아닙니다. 근육은 미오글로빈의 양에 따라 적근과 백근으로 나눠집니다. 적근은 미오글로빈이 많아서 산소를 많이 가질 수 있기 때문에 마라톤처럼 장거리를 뛰는 선수들에게 잘 발달되어 있습니다. 반면 우사인 볼트와 같이 단거리를 뛰는 주자들은 미오글로빈이 적지만 수축 속도가 빠른 백근이 잘 발달되어 있습니다.

◆ 단거리 경기에 강한 서아프리카, 장거리 경기에 강한 동북아프리카

2012년 런던올림픽을 포함한 7번의 올림픽에서 남자 100미터 달리기 결승에 오른 56명 선수의 조상 모두가 서아프리카계입니다. 아프리카의 밀림 지대는 중서부에 몰려 있습니다. 이곳의 조상들은 과거 밀림의 사냥감을

잡기 위해 단거리에 능해야 했을 겁니다. 느려서 사냥에 실패한 자는 죽고 빨라서 성공한 자는 살아남아 그 후손이 지금의 100미터 달리기를 지배하고 있는 것 아닐까요.

우사인 볼트의 조국인 자메이카를 포함해 미국, 그레나다, 트리니다드 토바고 등 단거리 육상에서 강세를 보이는 북중미 국가가 지도상 서아프리카와 가까운 거리에 있다는 것도 단순한 우연으로만 보이지 않습니다. 더구나 2012년 현재 남자 100미터 달리기 기록 상위 500명 중 비아프리카계는 프랑스의 크리스토프 르메트르와 호주의 패트릭 존슨 단 2명뿐이며 아시아인은 한 명도 없습니다.

아프리카 국가 중 축구를 잘하는 나라는 가나, 나이지리아, 카메룬, 세네갈, 앙골라, 콩고 등입니다. 이 나라들 역시 밀림 지대인 중서부에 위치해 있습니다. 축구는 순발력이 요구되는 단거리 능력이 90분간 지속적으로 필요한 경기입니다. 이들 나라가 축구를 잘하는 이유가 분명해 보입니다.

이에 반해 장거리에서 두각을 나타내는 선수는 대부

분이 에티오피아나 케냐, 탄자니아 등 동북부 아프리카 출신입니다. 이곳은 대부분 초원 지대로 현재도 케냐 원주민들은 사냥감을 수 킬로미터 이상 쫓아가서 잡아오곤 합니다. 털이 있는 짐승은 땀샘이 적어서 장거리 경주에서는 인간을 이기기 어렵습니다. 언젠가는 지쳐 멈추게 되죠. 케냐나 탄자니아 선수들이 세계 마라톤을 정복하고 있는 것이 그리 신기한 일은 아닌 듯합니다. 훌륭한 선수가 되기 위해서는 피나는 훈련도 필요하겠지만 유전적 능력이 얼마나 중요한지 짐작할 수 있는 대목입니다.

닭고기를 먹을 때 사람마다 좋아하는 부위가 다릅니다. 이 역시 적근, 백근과 관련이 있습니다. 닭다리는 적근인 반면 가슴살은 백근입니다. 반면 오리는 다리와 가슴살 모두가 적근입니다. 닭다리를 좋아하시는 분이라면 오리고기도 좋아할 확률이 높겠습니다. 생김새는 엇비슷한데 왜 이렇게 차이가 나는 것일까요? 누가 뒤에서 쫓아오면 닭은 제대로 날지 못하고 뛰어서 도망가지만 오리는 날아가 버립니다. 닭의 날개가 퇴화해 가슴살이 백근으로 된 것이 아닌가 추정됩니다. 오리처럼 날갯짓을 잘 하는 거위의 가슴살이 적근인 반면 닭처럼 제대로 날지 못하는 칠면조의 가슴살이 백근인 것 역시 결코 우연이 아닙니다.

소고기는 적근이며 우럭이나 광어 회는 백근입니다. 소와 같은 항온동물의 골격근은 수축을 통해 열을 발생시킵니다. 추울 때 덜덜 떠는 것은 수축을 통해 체온을 높이려는 골격근의 방어작용입니다. 항온동물은 체온을 유지해야 하므로 수축을 계속해도 잘 지치지 않는 적근이 많은 반면 변온동물인 어류는 백근으로 충분한 결과인 듯합니다. 물론 어류 중에도 붉은 살을 가진 종이 있습니다. 다랑어(참치), 연어는 물론이고 고등어나 청어와 같은 등 푸른 생선이 이에 속합니다. 광어나 우럭은 근해에 살면서 단거리 이동을 하므로 백근이 적당하지만, 다랑어나 고등어 등은 장거리 이동을 하기 때문에 적근이 많도록 진화한 것으로 추정됩니다.

변온동물인 양서류와 파충류의 근육도 백근입니다. 개구리, 악어, 거북이, 뱀 모두 닭가슴살과 비슷한 색깔의 근육을 가지고 있습니다. 미국 남서부에 있는 중국음식점에 가면 악어탕수육을 쉽게 맛볼 수 있습니다. 익숙하지 않겠지만, 맛과 육질은 닭가슴살과 매우 비슷합니다.

바다 속에서 최강자를 다투는 고래와 상어는 각각 포유류와 어류입니다. 상어의 근육은 백근인 반면 고래의 근육은 소고기보다도 더 붉은색을 띕니다. 물속에서의 체온 손실이 공기 중에 있는 것보다 훨씬 심하므로 고래의 근육은 체온을 유지하기 위해 많은 산소가 필요했을 것입니다.

생명 속에는 어느 것 하나 우연히 만들어진 것이 없는 듯합니다.

15.
왜 항온동물인가?

체온을 항상 일정하게 유지하는 항온동물이 생겨난 배경
은 많은 학자들의 관심 대상입니다. 우선 변온동물에서
조류나 포유류와 같은 항온동물로 진화한 것을 항온동물
의 장점에서 찾는 이들이 있습니다. 항온동물은 변온동
물과 달리 주위의 온도에 상관없이 먹이 활동을 할 수 있
습니다. 이것이 항온동물의 가장 큰 장점입니다. 악어나
뱀과 같은 변온동물은 추우면 꼼짝도 못하고 따뜻해지기
를 기다려야 하죠. 그러나 이것이 반드시 장점이라 보기
는 어렵다는 관점도 있습니다. 예를 들면 포유류는 겨울
에 체온을 유지하기 위해 파충류보다 40배 정도의 먹이

를 섭취해야 합니다. 따라서 겨울과 같은 상황이라면 파충류가 오히려 생존에 더 유리할 수도 있습니다.

또 다른 관점은 식물 섭취와 관련된 이론입니다. 식물에 다량의 탄소가 들어 있는 것에 반해 질소는 아주 적게 들어 있습니다. 초식동물이 생명을 유지하기 위해서는 일정량의 질소 섭취가 필요했는데, 이를 위해 상대적으로 많은 풀을 먹게 되었고 그 과정에서 필요 이상의 탄소를 섭취하고 이것을 대사시키다 보니 체온이 높아졌다는 것입니다.

여기서 잠깐! 그렇다면 공룡은 항온동물이었을까요, 변온동물이었을까요? 공룡은 파충류였으니까 변온동물이다! 많은 분들이 그렇게 믿고 있습니다만 아니라는 의견도 있습니다. 그 이유는 다음과 같습니다. 현재 우리가 알고 있는 공룡의 모습은 악어나 거북이와는 달리 포유류처럼 둥근 몸통을 갖고 있었으며 덩치가 큰 것은 길이가 수십 미터나 되는 것도 있었습니다. 만약 공룡이 변온동물이었다면 이 큰 몸을 열로 덥히기 위해 상당한 시간이 필요했을 겁니다. 밤새 식었던 몸이 아침에 따뜻해지기 시작해 해질녘이 돼도 체온이 오르지 못하고 다시 내려가는 것을 반복했을 수도 있습니다.

다리 길이도 공룡이 파충류가 아닐 가능성을 보여주는 결정적인 이유입니다. 보통 파충류의 다리는 거북이, 악어, 도롱뇽, 뱀처럼 길이가 짧거나 아예 없습니다. 그러나 박물관에서 보는 모든 공룡의 다리는 어떻습니까. 포유류의 다리와 비슷하게 긴 모습입니다. 이런 이유로 공룡이 변온동물이 아닌 항온동물일 가능성이 제기되고 있습니다. 공룡의 몸에 털이 있었다는 증거도 이를 뒷받침하는 중요한 증거입니다. 최근에 발견된 화석을 통해 공룡의 심장이 항온동물과 같이 2심방 2심실이었다는 사실도 밝혀져 관심의 대상이 된 바 있습니다.

항온동물의 체온 유지는 생존에 매우 중요한 요소입니다. 따라서 항온동물의 몸에는 체온을 지키기 위한 정말 다양한 비밀들이 숨어 있습니다. 항온동물은 크게는 골격근 수축에 의한 기계적인 열 발생과 대사 등에 의한 화학적인 열 발생 이렇게 두 가지 방법에 의해 체온을 올립니다. 반면 변온동물은 외부로부터 열을 받아들여 체온을 유지하죠. 거북이나 뱀, 악어와 같은 파충류는 몸이 납작하거나 기다란 형태로 되어 있어서 둥근 몸통을 가진 포유류보다 피부 면적이 넓습니다. 이렇게 생긴 것은 외부로부터 열을 효과적으로 받아들이기 위한 이유가 클 것입니다. 체온을 유지하기 위해 포유류와 조류가 가진 털은 변온동물에게 필요하지 않습니다.

또 항온동물은 체온을 일정하게 유지하기 위해 두 가지 방안을 마련했습니다. 열을 발산하기 위해서 땀 분비와 호흡수를 조절했고, 발산을 막기 위해서 털과 깃털로 중무장했습니다. 일정하게 열을 생산하려면 충분한 산소의 공급이 필수 조건입니다. 이를 위해 항온동물은 효과적인 기체 교환을 위한 복잡한 허파와 충분한 산소 공급을 위한 2심방 2심실을 갖추고 있습니다.

북극여우는 털이 희고 귀가 작은 반면 사막여우는 털이 모래 색깔이고 귀가 얼굴보다도 큽니다. 양쪽 여우 모두 주변 환경과 비슷한 색깔의 털을 가진 것도 기가 막히

◆ 북극여우(좌)와 사막여우(우)의 상당한 귀 크기 차이

지만 체온을 내보내는 주요 기관인 귀의 크기가 사는 곳
의 온도에 따라 다른 것도 신기합니다.

　추운 지방에 사는 동물의 귀, 주둥이, 꼬리와 같은 돌출
부위가 더운 지방에 사는 동물의 돌출 부위보다 작은 것
을 '앨런의 법칙'이라고 합니다. 그러나 몸집은 열대 지
방에 사는 곰보다 추운 지방의 곰이 더 큽니다. 조금 이
상하다고 생각할지도 모릅니다. 추위에 열을 빼앗기지
않기 위해 돌출 부위는 작게 만들어놓고 정작 몸은 크다
니 말입니다. 그러나 그 이면에는 이런 이유가 있습니다.
몸이 크면 열을 발생하는 몸통은 세제곱으로 늘어나지

만, 열을 뺏기는 피부는 제곱으로 늘기 때문에 몸이 크면 클수록 추위를 견디기에 유리합니다. 추운 지방의 개체가 더운 지방의 개체보다 몸집이 큰 것을 '베르크만의 법칙'이라고 합니다.

자그마한 펭귄이 섭씨 영하 30~40도로 내려가는 남극의 혹한에서 살아가는 것을 보면 신기하기 그지없습니다. 두꺼운 피하지방층도 체온을 유지하는 데 큰 역할을 하겠지만, 자기들끼리 다닥다닥 붙어서 무리를 이루는 것도 체온을 덜 뺏기는 중요한 방법입니다. 펭귄 무리는 어느 정도 시간이 지난 후, 가장 안쪽에 있는 놈이 바깥으로 나오고, 밖에 있던 놈들이 한 칸씩 안쪽으로 들어가는 것을 반복합니다. 추위에 약한 새끼들을 무리의 안쪽에 있게 하는 것도 잊지 않습니다. 서로가 서로를 배려하는 공동체 정신이 있기에 극한 상황에서도 멸종하지 않고 살아남았다고 생각합니다.

16.
먹거리의 진화

요리된 음식은 먹기가 편합니다. 불에 익히면 녹말은 젤라틴으로 콜라겐은 젤리로 바뀌어 부드러워지고 질긴 식물성 섬유질이나 동물의 근육은 연해지죠. 우리 조상들은 불을 쓰기 시작하면서 식사 시간이 짧아졌고 흡수되는 에너지 효율이 높아졌습니다. 따라서 식사 후 남는 시간에 사냥을 하거나 문화와 문명을 발전시켰고, 소화 효율성 증가로 얻은 막대한 에너지를 이용해 큰 뇌를 만들었습니다. 불에 의해 병원균이 제거돼 먹거리가 안전해졌다는 것도 큰 이점이었습니다. 결과적으로 불을 이용해 요리를 한 것은 역사적으로 인간이 한 그 어떤 도전보다도 의미 있는 행위였습니다.

마늘, 양파, 오레가노, 후추 등 대부분의 양념은 병원균을 억제해 먹거리를 안전하게 만듭니다. 인도와 같이 더운 지방에서는 고기 요리에 쓰는 양념의 개수가 10개에 이르지만, 노르웨이와 같이 추운 지방에서는 사용하는 양념의 개수가 상대적으로 적습니다. 어느 나라건 채소보다 고기 요리에 양념을 더 넣는 것은 이런 경험에 의한 지식일 겁니다.

입덧을 하는 임산부들이 강한 양념이 들어간 음식을 선호하는 이유도 양념의 항균작용 때문입니다. 임산부에게 수정란은 남의 세포입니다. 당연히 거부해야 할 대상이지만 그렇게 할 수 없습니다. 따라서 수정란을 죽이지 않고 반대로 자신의 면역작용을 약화시켜 수정란을 안고 가는 선택을 한 것입니다. 그런데 문제는 면역작용의 약화로 외부 세균에 무방비 상태가 될 수 있으므로 임산부는 입덧을 유발시켜 약화된 면역을 보완했습니다. 일종의 조기 위험 신호와 같은 셈이죠. 임산부가 발효된 음식을 부패한 음식으로 과장 해석해 오판하는 것도 유사한 이유입니다. 임산부가 매운 음식을 선호하는 것 역시 캡사이신의 항균작용을 이용하려는 것입니다.

그러나 현재 우리나라의 임산부들이 갖고 있는 걱정 중 하나는 임신 중 매운 것을 즐겨 먹으면 아이가 아토피를 앓을 수도 있다는 사실입니다. 입덧이냐 아토피냐! 매콤한 것이 입덧을 완화시키는 것을 경험한 임산부라면 큰 고민에 빠질 수 있을 겁니다.

2012년 4월 필자의 연구팀은 피부과 부문 국제 저명 학술지인 「피부과학저널Journal of Dermatological Science」에 아토피 피부염 흰쥐 실험동물 모델을 보고했습니다. 이모델은 신생기의 흰쥐 피하에 고추의 매운 성분인 캡사이신을 주입한 것으로, 자라면서 아주 심각한 아토피 피부염 증상을 보였습니다. 더구나 이 증상은 아토피 환자가 사춘기가 되면 증상이 완화되는 것과 유사하게 흰쥐의 사춘기인 10~12주령이 되자 서서히 소멸됐으며 아토피 환자와 같이 사춘기 이후에 재발하는 양상까지 보였습니다.

신생 쥐에 캡사이신을 투여한 것이 임산부가 매운 것을 먹은 것과는 같지 않으나, 흰쥐는 항상 미숙아로 태어난다는 사실을 감안하면 매운 음식이 아토피와 관련이 있을 가능성은 매우 높아 보입니다. 다만 캡사이신이 아닌 마늘의 매운 성분인 알리신이나 양파의 올레신은 이런 작용이 없으니 안심하고 드셔도 괜찮을 듯합니다.

농업은 약 1만 년 전 신석기 혁명의 중심지였던 지중해의 동쪽, 지금의 터키와 시리아가 있는 지역에서 시작된 것으로 추정됩니다. 일찍이 열대 지방의 수렵 - 채취인은 풍부한 자원으로 유복했으나 인구 증가로 인해 식량 부족 등 여러 가지 문제가 발생했습니다. 사냥 도구 개발로 사냥이 효과적으로 이뤄졌으나, 이로 인해 사냥감의 감소와 동료 간의 유대 약화가 나타났고, 채취하는 식물의 양도 한계를 드러냈습니다.

불확실한 식량 조달은 안정적인 식량 수급이 가능한 농사와 목축을 유도했습니다. 농사 - 목축인은 수렵 - 채취인보다 식단의 질이 떨어져 전반적으로 허약했지만 기아에 허덕이지 않고 한 장소에서 오랫동안 정착 생활을 해 자손을 번창시킬 수 있었습니다.

10만 년 전 호모 사피엔스가 아프리카를 탈출할 때 100만 명이었던 전 세계 인구수가 농사를 막 시작한 1만 년 전에는 532만 명으로 9만 년 동안 미미하게 증가했습니다. 그러나 지금으로부터 500년 전, 엄밀히 말하면 산업혁명이 시작된 시점의 전 세계 인구수는 11억 명으로 농사 덕분에 먹거리가 풍부했던 9,500년 동안 폭발적으로 증가했습니다. 이는 농사가 인구를 기아로부터 탈출시켜 주었음을 말합니다. 더구나 농산물로 만든 이유식이 수유 기간을 줄여 임신을 촉진시켰을 가능성도 배제할 수 없습니다.

농사의 기원인 밀 농사는 아주 작은 돌연변이에 의해 시작됐습니다. 야생종 밀은 낱알이 줄기에 느슨하게 붙어 있어서 익는 족족 땅에 떨어졌기에 농사를 지어 수확하기가 어려웠습니다. 그런데 어느 날 낱알이 줄기에 단단하게 붙어 있는 돌연변이가 나타나 이 품종으로 농사를 지을 수 있게 된 것입니다. 씨를 퍼뜨려야 하는 밀에게는 낱알이 줄기에 계속 붙어 있는 것이 절대 불리하겠지만, 인간이 밀을 길러 효과적으로 수확하는 데는 더할 나위 없이 적합한 변화였습니다. 밀의 낱알이 줄기에 계속 붙어 있는 돌연변이를 발견한 사람은 인류 역사상 가장 위대한 업적 중 하나를 이뤘다고 할 수 있습니다.

17.
밈Meme!

『이기적 유전자The Selfish Gene』의 저자 리처드 도킨스는 이기적 유전자에 상반되는 이타적 개념인 '밈meme'을 처음 설명했습니다. 동물에게는 없는 인간 세상의 문화를 이해하기 위해 유전자가 아닌 새로운 복제자가 필요했고, 이것을 밈이라 한 것입니다. 인간의 몸은 유전자가 만들지만 문화를 만드는 것은 밈입니다. 우리의 생활을 지배하는 언어, 몸짓, 표정, 유행, 종교, 관습, 예절, 기술 등이 모두 모방을 통해 복사되는 생존력이 아주 강한 밈 집단입니다. 함께 산 노부부의 얼굴이 닮는 것은 서로의 표정을 오랫동안 흉내 내왔기 때문이라는 네덜란드 흐로닝

언대학교 반 데르 가크Van der Gaag 박사의 연구보고는 밈의 위력을 잘 설명하고 있습니다.

독지가가 가난한 사람을 위해 기부하는 것을 보면 뭉클함을 느끼고 나중에 나는 더 기부해야겠다는 마음이 생기기도 합니다. 저만의 생명력을 지니고 사람에서 사람으로 전달되는 이것이 바로 '밈'입니다. 강의에 심혈을 기울이는 교수의 강좌에 학생들이 더 많이 모이고 그 학생들 중 일부는 이를 본받아 나중에 교수가 됩니다. 그리고 후에 자신의 스승보다 더 나은 강의를 합니다. 이때 이익을 보는 것은 교수일까요, 학생일까요? 아니면 학생의 학생일까요? 이익을 보는 이는 어느 누구도 아닙니다. 모두는 죽을 것이고, 남는 것은 잘 가르치려는 생각뿐입니다. 이것이 밈이지요.

흡혈박쥐는 동물의 피를 빨아뒀다가 먹고 남는 피를 다른 박쥐에게 나눠줍니다. 단, 자신에게 피를 나눠줬던 박쥐에게만 피를 줍니다. 서로가 이로운 상리공생은 하되 한쪽만 이로운 편리공생은 하지 않겠다는 것이죠. 자기에게 피를 줬던 박쥐를 기억하는 것도 대단하지만, 기부의 개념이 우리가 일반적으로 생각하는 것과 다르다는 점은 더욱 흥미롭습니다.

최근에 AVPR1a라는 유전자가 기부 행위와 관련이 있다고 밝혀져 관심의 대상이 되고 있습니다. 독일 본대학교 심리학과의 로이터Reuter 교수는 AVPR1a 유전자를 가진 사람이 그렇지 않은 사람보다 2배 정도 많은 돈을 기부하는 것으로 보아 이 유전자가 이타적 '밈'과 관련이 있을 것이라고 주장했습니다.

스위스 취리히대학교 경제학과 모리시마Morishima 교수와 페르Fehr 교수는 이타적인 사람은 그렇지 않은 사람보다 두정엽과 측두엽 사이에 회백질이 많으며 이런 뇌의 구조적인 차이와 이타적인 마음이 서로 관련이 있을 수 있다고 주장했습니다. 앞으로 과학적인 분석을 통해 기부 천사의 비밀을 찾아낼 수 있는 날이 오길 기대해봅니다.

유전자는 세 가지 특징을 갖고 후손에게 전달됩니다. 형태와 세부 사항이 구체적으로 복사되는 '유전', 유전자가 생성되는 도중에 발생하는 여러 종류의 실수와 꾸밈 등이 함께 복사되는 '변이', 많은 정보 중 일부만 성공리에 복사되는 '선택'이 그것입니다.

'밈'도 유전자와 같이 유전, 변이, 선택의 진화 과정을 보입니다. 실수와 꾸밈 등에 의해 '변이'가 일어나고, 좋은 것만 '선택'되어 널리 전파됩니다. 다만 유전자는 자손에게 직접 전달되므로 1차원적 양상을 보이는 반면 밈은 자손은 물론 옆 사람에게도 전달되므로 종횡의 3차원적 양상을 보여줍니다. 밈의 전파력이 유전자와 비교가 되지 않는다는 것을 알 수 있습니다.

그 예로 김수환 추기경님이 2009년 2월 선종하시면서 각막을 기증하신 뒤 많은 이들이 생명 나눔에 동참한 것을 들 수 있습니다. 장기 기증 희망자가 예년에 비해 2배 이상 증가하는 쾌거를 이루었습니다. 몸은 우리 곁을 떠나셨지만 여전히 '밈'의 형태로 우리 마음속에 살아 계신 듯합니다.

그러나 '밈'이 긍정적인 효과만을 가져오는 것은 아닙니다. 토론토 정신건강센터의 러스티그Lustig 박사가 보고

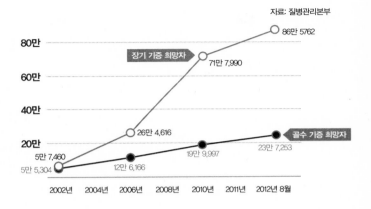

자료: 질병관리본부

86만 5762

장기 기증 희망자

71만 7,990

26만 4,616

골수 기증 희망자

5만 7,460
5만 5,304

12만 6,166

19만 9,997

23만 7,253

80만

60만

40만

20만

2002년   2004년   2006년   2008년   2010년   2011년   2012년 8월

◆ 장기 기증 희망 등록자 수(단위: 명)

한 논문 "인터넷 밈으로 인한 모겔론스병Morgellons disease as internet meme"은 밈이 만들어낼 수 있는 폐해를 단적으로 보여줍니다. 모겔론스병은 인터넷 등을 통해 전파된 일종의 집단 히스테리mass hysteria로 자기 몸에 기생충이 살고 있다는 강박증에 시달리는 정신병입니다. 집단 히스테리는 그룹의 일원이 특정 증상을 보였을 때, 나머지 사람들이 자기도 같은 질병에 걸렸다고 믿게 되면서 모두 다 아픈 것처럼 느끼는 현상을 말합니다. 유명인에 대

한 거짓 정보를 정확한 근거 없이 진실인 양 SNS를 통해 퍼뜨리는 것도 인터넷을 통한 밈의 폐해입니다.

　우리 모두는 죽어서 지구상에서 사라지겠지만 끝까지 유유히 남는 것은 유전자입니다. '밈' 또한 우리가 모두 죽고 사라진 후에도 혼자 굳건히 살아남아 있을 겁니다. 우리는 그저 유전자와 밈을 운반하는 도구로서의 역할을 하다가 사라지는 존재일 수도 있다는 생각을 해보면 슬픈 느낌을 지울 수가 없습니다.

18.
차원의 묘미

글리제Gliese 581g는 제2의 지구로 알려져 있습니다. 지구로부터 20광년 거리에 위치한 글리제 581g는 지구처럼 모母 항성과 적당한 거리에 있으며, 지구와 비슷한 중력, 물과 공기의 존재 등으로 생명체가 있을 가능성이 높다고 추측됩니다. 이 행성은 공전과 자전의 주기가 37일로 같아서 항상 한쪽 면만 모 항성을 향하고 있게 되어, 모 항성을 향한 쪽은 엄청나게 덥고 반대쪽은 얼음덩어리일 것으로 추정됩니다. 따라서 생명체가 있다면 심하게 덥거나 춥지 않은 둘의 경계선 부위에 살고 있을 것이며 선을 따라 생활이 이루어지므로 1차원적인 양상을 띨 것입니다.

우리 지구의 자전 주기는 24시간이지만, 46억 년 전 지구의 초창기에는 자전 주기가 5시간이었습니다. 이후 지구가 자전하면서 바닷물과 육지 간에 마찰이 발생하며 자전 속도가 점점 느려져 현재의 24시간이 된 것으로 추정하고 있습니다.

우리 몸에 있는 생체시계는 그 주기가 25시간 정도이기 때문에 지구의 자전 주기와 1시간 정도 어긋납니다. 잠에서 깨어날 때면 항상 괴로운 이유가 바로 여기에 있습니다. 몸이 원하는 것보다 매일 1시간 일찍 일어나야 하기 때문인 거죠. 먼 훗날 지구의 자전 주기가 더 늦어져서 25시간이 되면 그때 우리의 후손들은 우리보다는 쾌적한 삶을 살 것이란 생각이 듭니다.

지구는 공전과 자전 주기가 달라서 햇빛이 모든 지역에 골고루 비치기 때문에 넓은 지역에서 사람들이 살 수 있습니다. 서울에 사는 사람이 미국 로스앤젤레스에 가려면 인천공항에서 비행기를 타고 3차원인 공간을 이용해 로스앤젤레스 공항에 도착한 후 비행기에서 내려 차를 타고 2차원인 도로 면을 따라 이동해야 합니다. 우리는 글리제 581g에 사는 생명체보다 차원이 높은 삶을 영위하고 있는 셈이죠.

아이를 안아서 옆으로 흔들면 쉽게 재울 수 있지만 위아래로 올렸다 내렸다 하면 자던 아이도 깹니다. 달리는 버스에서 졸고 있던 승객은 차가 멈추면 깨곤 합니다. 청룡열차나 바이킹 같은 놀이기구에서는 절대로 졸 수 없습니다. 이 모든 이유는 위아래가 아닌 옆으로 흔들리는 움직임이 뇌간과 시상하부에 있는 수면중추를 자극해 수면을 유도하기 때문입니다. 비행기를 타고 갈 때 자동차에서만큼 편하게 졸지 못하는 이유도 이 때문입니다.

호주 왕립멜버른공과대학교 스테픈 로빈슨Stephen Robinson 교수 연구팀은 2018년 9월 「인체공학Ergonomics」에 운전하는 중에 발생하는 특정 주파수가 수면을 유도한다고 보고했습니다. 연구팀은 시뮬레이터로 운전하는 동안 4~7헤르츠에 이르는 저주파수로 진동을 주면 15분후에 졸음이 오기 시작해 60분이 지나면 졸음의 수준이 심각한 수준에 이른다고 보고했습니다. 진동에 의한 이 졸음은 건강하거나 충분한 수면을 취한 사람들에게도 찾아온다고 하니 문제가 심각해 보입니다. 음주운전보다도 더 위험할 수 있는 졸음운전을 방지하기 위해 연구팀은 졸음을 방지하는 주파수를 찾아내 '좋은 진동'을 갖춘 자동차를 구상 중이라고 합니다. 성공을 기대해봅니다.

골프를 처음 배우는 사람은 다반사로 오비Out of Bounds (골프채로 친 공이 골프 코스를 벗어나는 것)를 냅니다. 그러나 연습을 많이 하면 코스 내로 공이 들어오게 할 수 있고, 그린이라는 2차원의 면에 공을 올려놓고 즐거워하게 됩니다. 조금 더 숙달되어 핸디가 낮아지면 면이 아닌 1차원의 승부를 하게 됩니다. 공을 그린에 올리는 것에 만족하지 않고 자기가 서 있는 자리와 홀 컵과의 직선에 공을 갖다 놓으려고 노력하게 되죠. 실력이 더 좋아져 프로 골퍼와 같은 골프 고수가 되면 선의 경지를 넘어 자기가 원하는 점에 공을 갖다 놓으려 합니다. 숙달되면 될수록 승부하는 '차원'이 낮아지는 것을 알 수 있습니다.

골프와 달리 생각과 학문은 높은 차원을 추구합니다. "학문을 깊게, 그리고 넓게 하라"라는 선인들의 말씀은 차원을 높이라는 의미로 받아들여집니다. 학문을 넓히다 보면 다른 학문의 영역으로 접근하여 융합이 될 것이고 궁극적으로는 통섭이 이뤄집니다. 학문을 넓고 깊게 3차원으로 발전시킨 뒤 시간의 개념을 담은 역사와 미래를 첨가하면 4차원이 됩니다. 현재 지구에 살고 있는 인구의 수는 75억 명이 훌쩍 넘지만 지금까지 지구상에 왔다 간 조상님들의 수는 이보다 14~15배 많습니다. 이분들이 남기고 간 역사는 우리에겐 더할 나위 없는 교훈이자 자산입니다. 골프는 차원이 높아지면 난감하지만 학문과 생각은 차원이 높아질수록 화려해집니다.

엉뚱하거나 조금 모자란 사람을 빗대어 4차원이라고 부르곤 하는데 이는 적당한 표현이 아닌 것 같습니다. 조금 모자라면 1, 2차원적 인간이라 하고 역사와 미래를 아울러 넓고 깊게 생각하는 사람을 4차원적 인간이라고 부르는 편이 어떨까요.

19.
여백의 미

우리 몸에 있는 어떤 장기도 자기 능력을 100퍼센트 쓰지 않습니다. 우리는 뇌의 기능을 말할 때 가지고 있는 능력의 10퍼센트도 쓰지 않는다는 점을 들며 안타까워합니다. 정확한 퍼센트를 계산하기는 쉽지 않으나 뇌 기능에 상당한 여유분이 있다는 것은 틀림없는 사실입니다.

폐활량은 힘껏 들이마신 뒤 최대한 내뿜은 공기의 양을 측정한 값입니다. 성인 남자의 폐활량은 5리터 정도입니다. 그러나 우리가 평상시에 호흡하는 양은 폐활량의 10퍼센트인 500밀리리터 정도에 불과합니다. 어마어마한 여유 공간을 갖고 있는 셈이죠.

몸무게가 70킬로그램인 사람의 혈액량은 5리터 정도입니다. 심장이 1분간 약 5리터의 피를 내보내며, 심장을 출발한 혈액이 몸을 한 바퀴 돌아 심장으로 돌아오는 데 1분 정도 걸립니다. 동맥피는 분지된 소동맥을 통해 각 장기에 공급됩니다. 소동맥은 다른 혈관에 비해 민무늬근이 잘 발달되어 있기 때문에, 수축하면 잠기고 이완하면 열리는 수도꼭지로서의 역할을 충실히 합니다. 수도꼭지가 항상 틀어져 있으면 수돗물을 쓸 때 편할지는 몰라도 낭비가 엄청날 겁니다. 모든 소동맥 역시 항상 이완되어 있다면 열고 닫을 일이 없으니 아주 편할 수 있겠다는 생각이 들 수도 있지만, 사실은 우리 몸속의 혈액이 일정량으로 정해져 있으므로 몸의 기능이 원활하게 돌아가지 못할 것입니다.

실제로 운동을 할 때는 골격근이나 심장의 소동맥을 열고 다른 장기의 소동맥은 닫아버리는 반면 밥을 먹고 소화를 시켜야 할 때는 소화기관의 소동맥을 열어 소화기능의 효율성을 높입니다. 모든 장기가 상황에 맞춰 자기를 버리고 좀 더 필요로 하는 다른 장기에게 혈류를 양보하는 것입니다. 장기들 나름의 '배려의 미덕'을 발휘하고 있는 셈이죠.

　인류는 생존을 위해 무리를 이뤄왔고, 체계적인 공동사회를 만들었습니다. 배려는 공동사회를 이끌어가는 원동력이자 남과 조화를 이루는 연결 고리죠. 예의범절이나 법과 질서 등 우리 사회의 규약은 서로를 위한 배려에서 출발합니다. 모든 성인들은 제각각 다른 표현으로 인간의 도리를 강조했지만, 그것을 꿰뚫는 공통된 원칙은 바로 남을 위한 배려입니다. 배려는 선택이 아니라 공존을 위한 필수 조건입니다.

　동양화의 특징 중 하나는 '여백의 미'입니다. 그림을 그린다는 것이 꼭 종이를 다 채운다는 의미는 아닙니다. 그리지 않고 남겨둔 여백, 거기에도 예술은 존재합니다. 여백을 미로 승화시킨 이유는 보이지 않는 것이 보이는 것보다 깊고 넓기 때문입니다. 비움의 미학을 갖는 여백은 여유가 넘치는 중용으로 비유되며 넘치지 않음을 뜻하기도 합니다.

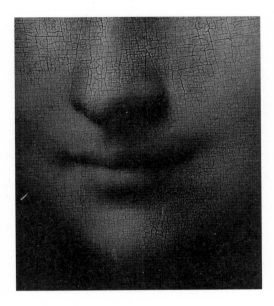

◆ 스푸마토 기법으로 그린 〈모나리자〉의 한 부분

여백의 미가 동양화에만 국한된 것은 아닙니다. 서양
화에서 쓰이는 '스푸마토sfumato 기법'도 여백의 미를 포
함하고 있습니다. 스푸마토는 '연기 속으로 서서히 사라
진다'는 의미의 이태리어 스푸마레sfumare에서 유래된 말
입니다. 스푸마토 기법은 색을 미묘하게 변화시켜서 윤

곽이 안개에 싸여 차차 없어지는 것처럼 보이게 하는 효과가 있습니다. 레오나르도 다빈치는 스푸마토 기법으로 〈모나리자〉의 눈썹을 애매하게 남겨, 보는 이로 하여금 완성하고 싶게끔 하는 미완의 여백을 남겼습니다.

모든 장기가 항상 100퍼센트를 쓰지 않고 여유를 갖는 것이나, 다른 장기에게 혈류를 양보하는 장기들 간의 배려심 등은 자연이 우리에게 주는 큰 가르침입니다.

20.
독립의 조건

어류와 같이 알을 낳는 동물은 암수 모두 자신의 유전자를 지구상에 남기고 싶어 하면서도 수정란을 지키는 일은 귀찮아합니다. 그러나 암컷이 산란한 후 수컷이 뒤이어 수정시켜야 하므로 수정란을 지키는 것은 순서상 어쩔 수 없이 수컷의 몫이 됩니다. 수컷 가시고기가 수정란이 부화할 때까지 먹지도 않고 지키다 굶어 죽는 것을 부성애로 미화하는 것은 다분히 인간적인 시각입니다. 부화된 새끼들은 죽은 아비의 살을 먹은 뒤 뿔뿔이 흩어지고, 가시고기 가족은 그렇게 끝이 납니다.

체내수정으로 난생을 하는 조류는 대부분 일부일처 형

태를 유지하며 암수가 함께 부화와 양육을 책임집니다. 그러나 안타깝게도 둥지에 있는 알의 상당수가 다른 수컷의 유전자를 가지고 있습니다. 암컷은 바람을 피웠고, 수컷은 남의 새끼를 양육하는 것이죠. 수컷이 손해를 보는 것 같지만, 다른 둥지에서 자신의 유전자를 가진 새끼가 자라고 있다는 것을 생각해보면 그렇게 큰 손해는 아닌 듯합니다. 새끼 새는 날 수 있게 되어 혼자 먹이 활동이 가능해지면 둥지를 떠납니다. 가족들은 다시는 모이지 않습니다. 오다가다 부모나 형제를 만나도 알아보지 못할 것입니다.

포유류는 대부분 일부다처 형태의 무리를 이루며, 조류보다는 가족에 가까운 모습을 조금 더 유지합니다. 이는 어미에 대한 새끼의 의존도가 높고 수유 기간이 길어서 서로 간의 유대감이 높기 때문이기도 합니다. 그러나 새끼가 젖을 떼고 혼자 먹이 활동을 할 수 있게 되면, 조류처럼 가족으로부터 이탈해 독립 생활을 합니다. 계속 같이 살면서 서로 짝짓기를 하면 유전적으로 불리하기에 무리에서 빠져나가는 것이 맞아 보이지만, 후에 부모를 알아보지 못하는 것은 조류와 다르지 않습니다.

조류처럼 남의 새끼를 키우는 처지가 되지 않기 위해 인간은 일부일처제라는 제도를 채택했습니다. 인간은 포유류 중 가장 오랫동안 가족을 유지합니다. 이는 인간이 포유류 중에서 가장 미성숙한 상태로 아기를 출산하기 때문이기도 합니다. 우리는 생일을 '귀 빠진 날'이라고 합니다. 옛날에는 분만 도중에 아기의 머리가 산도를 빠져나오지 못해 산모와 아기가 모두 잘못되기도 했습니다. 따라서 아기의 머리가 산도를 무사히 빠져나와 귀가 보이면 안심이기에, 생일을 귀 빠진 날이라고 부르게 된 것입니다.

동물의 수명은 임신 기간과 관계가 깊습니다. 얼룩말의 수명은 25년이고, 임신 기간은 50주입니다. 코끼리는 수명이 60년이고, 임신 기간은 80주입니다. 임산부에게 40주는 매우 긴 기간이지만 코끼리의 임신 기간에 비하면 턱없이 짧습니다. 코끼리 새끼는 긴 임신 기간 동안 충분히 자라서 태어나자마자 어미를 따라다닐 수 있습니다. 코끼리 새끼처럼 갓 태어난 아기가 바로 걷는다고 생각해보십시요. 상상만으로도 즐거운 일입니다.

그런데 아기가 태어나자마자 걸을 수 있도록 임신 기간을 늘린다면 머리가 너무 커져서 산도를 통과할 수가 없을 것입니다. 여자의 엉덩이가 다른 포유류에 비해 크고 분만의 고통이 다른 동물에 비해 심한 이유는 바로 인간의 뇌가 크기 때문입니다. 임신 40주 만에 태어나 누워 버둥거리기만 하던 아기가 1년 정도 자라면 방금 태어난 코끼리 새끼처럼 겨우 걷게 됩니다. 이후 아이는 어느 동물보다도 부모에 의존해 살면서, 의식주는 물론 교육과 결혼을 포함한 모든 일에 부모의 힘을 빌립니다. 심한 경우 부모의 우산 속에서만 사는 일명 '캥거루족'도 있습니다.

2012년 대한의사협회와 한국노바티스는 '5대 가족한마당'을 공동 개최했습니다. 이 행사에서 특별상을 수상한 서울 구로구의 97세 이옥동 할머니 가족은 고조할머니에서 고손자까지 무려 5대가 한집에서 살고 있었습니다. 사람보다 포유류가, 포유류보다 조류가, 조류보다 어류가 훨씬 일찍 부모의 품에서 벗어나 가족을 잊고 산다는 사실을 곱씹어 볼만합니다.

21.
선택어업 vs. 균형어업

벨기에 국제자연보호단체의 일원인 가르시아Garcia 박사와 그 연구팀은 2012년 3월 국제 저명 학술지인 「사이언스Science」에 "선택어업 결과에 대한 재고Reconsidering the consequences of selective fisheries"라는 논문을 게재했습니다. '선택어업'이란 낚시에 걸린 작은 치어는 놓아주고 일정 크기 이상의 물고기만 잡는다거나 그물코를 크게 해 작은 물고기는 빠져나가게 하고 큰 물고기만 잡는 것을 말합니다. 많은 분들이 낚시에 걸린 작은 물고기를 어린아이를 보호하듯이 놓아주는 것을 자연을 위해 꼭 필요한 일로 생각하실 겁니다.

그러나 가르시아 박사 연구팀은 이 논문에서 선택어업이 바다에 살고 있는 물고기에게 큰 피해를 주고 있다고 주장합니다. 바다에 있는 모든 물고기가 다 크게 자랄 수 있는 것은 아니기 때문입니다. 모든 생물이 그렇듯이 좋은 유전자를 가진 일부 물고기는 크게 자라겠지만 나머지는 그렇지 못합니다. 따라서 큰 물고기만 선택적으로 잡아버린다면 바닷속은 머지않아 크게 자라지 못하는 허약한 물고기, 즉 열등한 유전자를 갖고 있는 물고기들로 가득찰 것이며, 어린 동물을 불쌍하게 여기는 인간의 어설픈 동정심이 바닷속을 황폐화시켜 버릴지 모른다는 주장입니다. 가르시아 박사 연구팀은 이를 방지하기 위해 선택어업이 아닌 균형어업을 제안했습니다.

'균형어업'이란 그물코를 작게 해 크기와 관계없이 물고기를 잡되, 잡을 수 있는 물고기의 양을 정하자는 겁니다. 이에 의해 나타날 결과는 균형어업이라는 말 뜻 그대로 바닷속 물고기가 크기에 상관없이 잡히므로 남아 있는 물고기는 크기별로 골고루 분포하여 건강한 바다가 된다는 주장입니다.

치타는 지구상에서 가장 빠른 동물 중 하나입니다. 이런 치타가 사슴이나 얼룩말 정도는 쉽게 잡을 것으로 생각할 수 있습니다. 그러나 발차기, 뿔로 받기 등 사냥감의 반격이나 치타의 지구력 부족 등으로 인해 치타의 사냥 성공률은 20퍼센트가 채 되지 않는 것으로 알려져 있습니다. 그나마 이 정도의 성공률도 치타가 주로 저항이 적은 새끼나 유전적으로 허약한 놈을 골라서 사냥하기 때문에 달성할 수 있다고 합니다. 좋은 유전자를 가진, 그래서 튼튼하고 덩치가 큰 놈은 반격이 막강하고 지구력이 좋아서 시작부터 표적에서 제외됩니다.

결과적으로, 치타는 사냥을 통해 허약한 놈은 없애주고 좋은 유전자를 가진 건강한 놈은 보존해줌으로써 어설픈 동정심으로 바다를 황폐화시켰던 우리의 선택어업과는 달리 사슴이나 얼룩말 무리를 건강하게 만들어준다는 겁니다. 우리의 생각과는 전혀 다른 결론입니다.

약 10만 년 전에 늑대로부터 분리된 개는, 약 1만 년 전부터 사람과 함께 살면서 길들여진 것으로 추정됩니다. 개는 갯과의 다른 동물인 늑대, 코요테, 자칼보다 품종이 다양합니다. 개를 키운 원래의 목적은 사냥이었으나 인간의 적극적인 개입에 의해 애완견(또는 반려견), 맹인견, 경호견, 소방견, 경찰견 등 여러 가지 특성을 갖춘 품종이 개발됐습니다.

그럼 늑대나 코요테보다 다양한 품종을 가진 개는 자연계에서 성공한 것일까요? 만일 인간의 개입 없이 자연스럽게 품종이 다양해졌다면 그렇게 말할 수 있을 겁니다. 그러나 작고 예쁜 치와와, 기품 있는 털을 갖춘 아프간하운드, 못생겨서 귀여움을 받는 시추 등 야생에서는 도저히 살아남기 어려울 것 같은 애완견을 보면 인간이 개의 품종 개발에 너무 깊이 관여해 순리대로 흘러가지 못하게 했다는 생각이 듭니다.

개는 오랜 시간 사람과 같이 생활했으면서도, 서열 제도나 우두머리에 대한 충성심 등 늑대나 코요테 등이 가진 야생적 기질을 그대로 갖고 있습니다. 오스트레일리아 개척 당시, 사람들이 기르던 개가 주인으로부터 도망쳐 캥거루를 잡아먹거나 가축을 해치는 야생 개 '딩고'가 됐다고 합니다. 개가 늑대로부터 분리된 지 1만 년이나

지났음에도, 딩고가 늑대와 같은 공격적인 본성을 드러
내는 데는 시간이 얼마 걸리지 않았습니다. 인간 주위에
살면서 귀여움을 독차지하고, 때로는 인간에게 큰 위안
을 주는 반려견의 긍정적인 면을 부정할 수는 없으나, 인
간이 인형을 제조하듯 다양한 애완견을 만드는 우를 범
했다는 생각을 지울 수가 없습니다.

자기가 살고 있는 환경을 파괴하는 것은 바이러스와
인간뿐이라는 사실은 많은 것을 생각하게 합니다.

22.
끝없는 감각의 욕망

고가의 음향기기는 종종 자연의 소리보다 더 맑고 고운 소리를 들려줍니다. 음향기기는 어떻게 천연음보다 더 양질의 소리를 만들어낼 수 있을까요? 아마도 음향기기가 천연음을 적절히 조율해, 우리 입맛에 딱 맞는 기가 막힌 인공음을 만들기 때문일 것입니다. 인공첨가물이 들어간 음식보다는 천연재료로 만든 음식이 좋다고 굳게 믿는 사람도, 고가의 스피커에서 나오는 오케스트라의 연주 소리에는 감탄을 금치 못합니다. (악기 소리가 천연음인지 인공음인지는 논외로 하겠습니다.)

게맛살은 명태살과 전분을 원료로 해 인공적으로 만든

것입니다. 혹시 게맛살에 게살이 들어 있지 않다고 불평한 적은 없으신가요? 게맛살 값을 내고, 진짜 게살을 먹으려 한다면 너무 공짜를 바라는 것이 아닐까요? 게살과 게맛살은 영양에 큰 차이가 없다고 알려져 있습니다. 뿐만 아니라 향과 맛을 내는 화학 성분도 거의 같다고 하지요. 굳이 차이를 따진다면 원료의 출처와 혀에서 느끼는 촉각 정도입니다. 대부분의 식품은 본질이 98퍼센트 이상이며, 향과 맛의 성분은 2퍼센트도 채 되지 않는 것을 감안하면 전국 방방곡곡의 맛집을 찾아 헤매는 것이 덧없어 보일 때도 있습니다.

생명을 걸고 감행하는 성형수술, 이 허망한 행위는 남의 시각적 즐거움을 위해 어마어마한 투자를 하는 것일수도 있습니다. 물론 성형수술로 얻은 자신감이 대인 관계에 도움이 될 수도 있지만 건강과 비용을 생각하면 큰 낭비임에 틀림없습니다.

이성적으로는 용납되지 않는 것 중 하나가 인간의 성매매입니다. 거의 모든 동물은 번식만을 위해 짝짓기를 하기 때문에 성매매를 할 가능성은 제로입니다. 인간이 하고 있는 각종 피임 방법, 폐경 후의 성관계 등을 동물들이 보면 쓸데없는 낭비라고 생각할 겁니다.

단, 예외적으로 최근 원숭이의 자위행위가 보고되어 학자들의 관심을 집중시켰습니다. 더구나 사람과 유사한 형태의 유방을 가진 보노보 원숭이는 인간처럼 번식 외의 목적으로 짝짓기를 시도하는 것으로 유명하며 평생 무려 5,000번 이상의 짝짓기를 하는 것으로 알려져 있습니다.

감각신경계는 일정한 자극에 금방 무덤덤해지며 끊임없이 더 강한 자극을 원합니다. 『이솝 우화』에서 양치기 소년에게 더 이상 속지 않는 마을 주민들처럼, 같은 자극이 지속되면 감각신경이 더 이상 반응하지 않는 둔감화 상태에 들어가는 것입니다. 흑백텔레비전을 보며 자랐던 세대는 컬러텔레비전을 처음 봤을 때의 충격을 기억할 겁니다. 그러나 모든 사람들은 컬러텔레비전에 금방 시큰둥해졌으며, 좀 더 양질의 화면을 원하여 끊임없이 개발이 진행됐습니다. 현재는 배우의 피부 속을 들여다볼 수 있을 만큼 첨단 화면이 개발됐지만, 아직도 소비자의 요구와 이에 따른 생산자의 개발은 멈추지 않고 있습니다.

인간은 끊임없이 더 강한 자극을 원합니다. 맛, 향, 음향기기 소리, 성적 자극… 좀 더 강한 자극을 향해 브레이크가 없는 기관차처럼 달려가고 있습니다. 이 질주는 끊임없이 개발을 부추길 것이고, 결국 우리가 그토록 중요시했던 '자연 그대로'는 인공적인 것에 묻혀 흔적도 없이 사라질 수도 있습니다.

그렇다고 이 모든 것에 대해 다른 것을 탓할 수는 없습니다. 모든 문제는 바로 금방 시큰둥해지는 우리의 감각에 있기 때문입니다.

23.
치매를 예방하는 가장 좋은 방법은?

최근 들어 운동이 치매를 치료할 수 있다고 알려져 화제가 되고 있습니다. 나이가 들면 기억을 담당하는 해마 부위가 축소되어 치매 환자처럼 잘 까먹거나 인지 기능이 떨어지는 증상을 보이게 됩니다. 해마가 축소되는 이유는 해마 부위의 뇌유리신경성장인자BDNF, Brain-Derived Neurotrophic Factor와 그 수용체인 TrkB가 줄어들기 때문입니다. 다행히 뇌유리신경성장인자와 TrkB를 증가시켜 해마를 재생하고 기억 및 인지 능력을 항진시킬 수 가장 손쉬운 방법이 있습니다. 바로 운동입니다. 더구나 운동 후에 뇌가 아닌 골격근에서도 뇌유리신경성장인자가 유리된다는 연구결과는 운동생리학자들을 흥분시켰습니다.

그러나 문제는 산업이 발전하면 할수록 가전제품을 포함한 모든 물건이 우리 몸의 움직임을 최대한 줄이는 방향으로 개발되고 있다는 사실입니다. 연필 대신 키보드를 사용하고, 모든 전자기기가 원격조정기인 리모컨으로 작동되고 있습니다. 로봇청소기, 세탁기, 빨래건조기, 식기세척기 등 우리의 움직임을 대신하는 수많은 기계로도 모자라 말로 명령을 내리는 인공지능의 기능까지 더해지고 있으니 인간이 식물이 되려고 작정한 것처럼 보이기도 합니다.

단것이 이를 썩게 하듯, 몸을 편하게 만드는 기계는 뇌에 악영향을 미칠 수 있습니다. 남자가 여자에게 구애할 때 "나한테 시집오면 손 하나 까딱하지 하지 않게 해주겠다. 손에 물 한 방울 묻히지 않게 해주겠다"라는 말을 하곤 합니다. 이는 당신을 치매에 빨리 걸리게 해주겠다는 말이니 많은 여성분들은 주의해야 할 것입니다.

동물은 먹이를 구하거나 포식자에게 잡혀 먹히지 않

기 위해 끊임없이 움직여야 합니다. 최근에 근육이 수축할 때 분비되는 마이오카인myokines이 운동생리학자들의 관심을 끌고 있습니다. 마이오카인은 왜 운동이 건강에 좋은지 밝혀줄 물질로 지목되고 있습니다. 마이오카인에는 항염증작용과 인슐린 민감도를 높이는 인터루킨-6intereukin-6와 뇌유리신경성장인자 등이 포함되어 있다고 알려져 있습니다.

미국 컬럼비아대학교 의과대학의 오타비오 아란시오Ottavio Arancio 교수팀은 2019년 1월 「네이처메디신Nature Medicine」에 마이오카인의 하나인 이리신irisin이 치매를 예방하거나 치료할 수 있다고 보고했습니다. 아란시오 교수팀은 치매 환자의 해마에 이리신의 양이 적다는 사실을 밝혀냈고, 쥐의 해마에서 이리신의 기능을 차단하자 기억력이 떨어진다는 것도 확인했습니다. 더욱이 쥐에게 알츠하이머 치매의 원인인 베타아밀로이드를 주입하고, 5주 동안 매일 일정 시간 수영을 시킨 결과, 이리신의 증가와 함께 기억력이 유지된다는 것을 발견했습니다. 이 결과는 향후 이리신이 운동을 제대로 할 수 없는 심장병 환자의 치매 치료에 큰 도움이 될 것임을 알려주었습니다.

운동하면 혈관내피세포성장인자VEGF, Vascular Endothelial Growth Factor도 증가합니다. 이 물질은 이름에서 알 수 있듯이 혈관을 생성하고, 혈관을 이완시키는 데 도움을 줍니다. 특히 해마에서 두드러지게 발견되는 것으로 보아 장기 기억에 관여하는 것으로 추정됩니다. 나이가 들면 뇌유리신경성장인자와 함께 혈관내피세포성장인자도 감소해 치매가 유발되므로 운동을 통해 혈관내피세포성장인자를 증가시키는 것 또한 치매 예방에 도움이 됩니다.

기억 형성은 반복되는 자극에 의해 해마가 장기 강화되면서 이뤄집니다. 영어 단어를 외울 때 보고, 쓰고, 듣기를 반복하는 것이 장기 강화를 일으키는 대표적인 예입니다. 운동을 하면 장기 강화에 관여하는 시냅스단백질syntaxin-3이 증가하며 기억 형성 능력도 항진됩니다. 통증도 계속되면 척수나 뇌의 시냅스가 장기 강화되어 통증이 기억되는 만성 통증 상태가 됩니다. 만성 통증을 앓던 환자가 급성 치매에 걸리면 통증이 사라졌다가 치매가 치료된 후 통증이 재발하는 것을 보면, 만성 통증과 기억이 공통된 기전에 의한 것임을 추측할 수 있습니다.

신경계에는 신경세포와 함께 면역세포에 해당하는 교세포glia가 있습니다. 젊고 건강한 교세포는 신경세포 주변에서 궂은일을 도맡아 하는 착한 청소부와 같은 존재입니다. 그러나 나이가 들면 청소할 일이 많아지면서 교세포가 염증 반응을 보이게 되며 교세포는 착한 청소부가 아닌 신경세포를 공격하는 악당으로 변모합니다. 치매를 유발하는 대표적인 또 다른 원인입니다.

그러나 운동을 하면 부신피질호르몬과 부신수질호르몬이 분비되어 염증 반응을 억제할 수 있으므로, 지속적인 운동은 노화로 악당이 되었던 교세포를 안정화시켜 착한 청소부로 돌아오게 할 수 있습니다. 운동으로 치매가 치료되는 것입니다. 치매를 예방하려면 운동을 통해 우리 몸의 모든 세포를 잘 달래야 할 것 같습니다.

24.
장기에도 서열이 있다?!

우리 몸에서 가장 중요한 장기는 무엇일까요? 어느 장기
건 병이 나면 건강을 해치거나 목숨을 잃을 수 있기에 여
기에 순위를 매긴다는 게 좀 우습지만, 제가 생각하는 장
기의 서열은 다음과 같습니다.

1위 뇌와 척수, 2위 심장과 허파, 3위 간과 콩팥, 4위 생
식기관, 5위 소화기관, 6위 뼈, 7위 골격근, 8위 피부. 이
런 서열은 그 장기가 어디에 위치하고 있으며 주위 조직
으로부터 어느 정도 보호받고 있는가 하는 기준에 따라
정한 것입니다.

서열 1위인 뇌와 척수는 우리 몸에서 가장 단단한 뼈

인 머리뼈와 등뼈 속에 들어 있습니다. 뇌는 '머리카락 – 머리 피부 – 머리뼈(빈틈이 없는 통뼈) – 뇌척수액'으로 이어지는 우리 몸 최고의 요새 속에 들어가 있는 셈이죠. 가장 중요한 장기인 뇌를 가장 안전한 머리뼈 속에 넣어놓은 것은, 중요한 물건을 안전한 금고에 보관하는 것과 비슷한 원리입니다.

혹 감자탕을 좋아하십니까? 매콤한 국물과 함께 먹는 고기와 우거지의 맛은 예술이지만, 등뼈 주위에 있는 고기를 발라먹는 일은 보통 어려운 일이 아닙니다. 이는 등뼈의 복잡한 구조 때문입니다. 등뼈가 복잡한 구조를 가졌다는 것은, 그만큼 척수를 안전하게 보호하고 있다는 증거이기도 합니다.

서열 2위인 심장과 허파는 갈비뼈와 갈빗살로 이뤄진 흉강 속에 들어 있습니다. 흉강은 갈빗살이 있는 부위가 다소 허술해서 뇌가 들어가 있는 머리뼈만큼 완벽하지는 않지만 비교적 안전한 요새라 할 수 있습니다. 심장과 허파 중 심장을 앞에 놓은 이유는 허파가 심장을 감싸고 있기 때문입니다. 허파는 공기가 든 비닐봉지와 같아서 심

장을 보호할 능력이 커 보이지는 않지만, 그 정성만큼은
갸륵해 보이기도 합니다.

서열 3위인 간과 콩팥은 복강의 윗부분에 있어서 일부
는 갈비뼈의 보호를 받지만, 나머지 대부분은 복근의 보
호를 받고 있습니다. 간과 콩팥이 심장과 허파보다 서열
이 낮은 것은 바로 이 때문입니다.

서열 4위인 생식기관, 특히 여성 생식기관은 여러분이
의자에 앉아 있듯이 골반뼈에 얹혀져, 전체 중 반쯤만 뼈
의 보호를 받고 있는 모양입니다. 생식기관이 개체의 생
명과 직접적인 관련이 있지는 않지만, 종족 보존을 위해
서는 절대적으로 필요하며 또 중요한 장기이기에 이렇게
보호하는 것으로 생각됩니다.

서열 5위인 소화기관은 뼈가 아닌 복근에게만 보호받
고 있습니다. 운동을 통해 만들어진 복근을 보면 건강해
보이지만, 안타깝게도 칼 등과 같은 외부의 공격에는 뼈
와 비교가 되지 않을 정도로 허술하기 짝이 없습니다. 소
화기관이 뼈의 보호를 받고 있는 앞서 언급한 장기들보
다 덜 중요하다는 것을 짐작할 수 있습니다. 권투선수가

시합 중 상대방의 옆구리나 배를 집중적으로 때리는 이유는, 갈비뼈로 둘러싸인 가슴 부위보다 더 충격을 줄 수 있기 때문입니다.

이처럼 장기의 순위는 뼈가 보호하는 정도에 따라 매겨지는데, 골격근은 뼈를 둘러싸고 있어서 서열 7위입니다. 무게로 따지면 장기 중에 가장 무거운 것이 골격근이지만, 다른 장기의 보호기관인 뼈를 감싸는 역할로 인해 서열 6위인 뼈보다 낮은 서열을 받은 셈이죠.

앞에 등장한 모든 장기를 서열 8위인 피부가 포장지처럼 둘러싸고 있습니다. 많은 분들이 매우 중요하게 여길지 모르지만, 피부는 우리 몸의 가장 외곽을 지키는 파수꾼으로서 누구의 보호도 받지 못하는 서열이 가장 낮은 장기입니다.

이렇듯 각 장기가 우리 몸에 놓여 있는 위치와 각 장기의 중요성을 살펴보면, 우리 몸이 우리가 생각하는 것 이상으로 철저한 계산하에 완성되어져 있는 것은 아닐까 하는 생각이 듭니다. 심지어는 여러 병이 나는 상황을 대비해서까지 말이죠.

뇌졸중은 뇌혈관이 막히거나 터져서 뇌 기능이 제대로 작동하지 못하는 질환입니다. 운동 기능을 담당하는 대뇌피질에 공급되는 혈관에 문제가 생기면, 팔다리를 못 쓰거나 말을 못하는 등 우리가 일반적으로 볼 수 있는 뇌졸중 환자의 증상이 나타납니다. 그중 가장 대표적인 증상은 반신불수, 즉 한쪽 다리와 팔 그리고 안면 하부의 마비입니다.

인간의 다리는 일반적으로 두 가지 기능을 가지고 있습니다. 하나는 공을 차는 것과 같은 정교한 운동을 위한 기능이고, 또 하나는 몸무게를 지탱하는 기능입니다. 뇌졸중 환자는 공을 찰 수는 없지만, 최소한 몸무게를 지탱할 수 있도록 다리가 쭉 펴져 있습니다. 이는 생존을 위해 천만다행입니다. 만일 뇌졸중 이후 다리가 구부러져 버린다면 건강한 반대쪽 다리가 혼자 몸을 지탱해야 하므로, 건강한 다리마저 공을 차는 것과 같은 운동 수행이 불가능할 것입니다.

반면 뇌졸중 환자의 팔은 다리와는 달리, 몸 앞쪽으로

굽어버립니다. 아마도 팔은 몸을 지탱하는 기능이 없어서 안전하게 몸 앞쪽에 갖다 놓은 것으로 생각됩니다. 그럼 인간이 아닌 다른 동물의 경우는 어떨까요? 뇌졸중에 걸린 소의 앞다리는 인간의 팔처럼 구부러지지 않습니다. 오히려 사람의 다리처럼 쭉 펴져버리죠. 소는 인간과 다르게 네 다리로 자신의 몸을 지탱하기 때문입니다. 이렇듯 우리 몸은 병이 나는 상황까지 예측해 프로그래밍이 되어 있는 것처럼 보입니다.

앞서 뇌졸중은 대뇌피질에 공급되는 혈관에 문제가 생긴 게 원인이라 했습니다. 그런데 대뇌피질보다도 더욱 안쪽에 위치하며 특급 대우를 받는 녀석이 있습니다. 바로 연수입니다. 뇌졸중에 걸리면 팔다리가 불편해지지만 당장 생명을 잃지는 않습니다. 그러나 연수(숨골)의 혈관이 막히면 생명이 위험해집니다. 연수는 호흡이나 심장 순환 등 생명 유지에 절대적으로 필요한 기능을 담당하기 때문입니다. 그런 연수는 대뇌와 소뇌에 완벽하게 둘러싸여, 뇌의 가장 깊숙한 곳에 위치하고 있습니다.

어떻습니까? 우리 몸의 철저한 계산 속 구조가 말입니

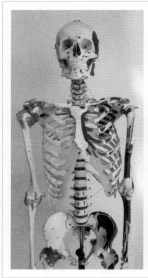
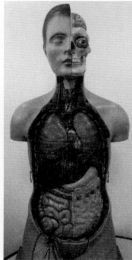

❶ 뇌, 척수

❷ 심장, 허파

❸ 간, 콩팥

❹ 생식기관

❺ 소화기관

❻ 뼈

❼ 골격근

❽ 피부

◆ 내장 장기의 서열

다. 이 글을 통해 내 몸속 장기들의 서열을 스스로 한번 매겨보는 기회를 가져보시길 기대합니다.

25.
왼손잡이의 슬픔

가끔 성형외과의 광고 문구를 보면 '황금비율'이란 단어
가 눈에 띕니다. 성형외과 의사는 보통 이마에서 눈썹, 눈
썹에서 코끝, 코끝에서 턱까지의 길이에 대한 비율이 1대
1대 1, 또 오른쪽 눈 길이, 눈과 눈 사이의 거리, 왼쪽 눈
길이의 비율이 1대 1대 1일 때 이를 황금비율이라 말합
니다. 이 비율에 기초해 미인을 만들기 위한 성형수술이
시행되고 있습니다.

이 황금비율 뒤에는 중요한 비밀이 숨겨져 있습니다.
바로 좌우 균형입니다. 생물학적으로 아름다움의 기준인
좌우 균형은 건강하다는 증거이기도 합니다. 동물은 배

우자를 고를 때, 좌우 균형이 완벽에 가까울수록 건강하고 유전적으로도 우수할 것이라고 판단하는 듯합니다.

우리의 겉모습은 좌우 균형을 추구하고 있지만, 우리 몸속 모든 내장 장기는 좌우가 불균형 상태입니다. 심장, 위, 간, 췌장, 소장, 대장, 비장 등은 모두가 하나뿐인 장기입니다. 좌우에 하나씩 있는 허파, 콩팥도 비대칭으로 균형 상태가 아닙니다. 유일하게 외부에 노출된 내장 장기인 고환도, 대부분 한쪽이 조금 더 내려가 있어서 서로 충돌하지 않게 되어 있는 비대칭입니다.

이런 비대칭적인 신체 부위 중 가장 대표적인 것이 바로 우리의 손과 발입니다. 그러나 앞서 설명한 다른 장기들과 같이 비대칭적으로 생겼다기보다는, 비대칭적으로 쓰는 우리의 생활 습관이 우리의 삶까지 바꿔놓은 경우입니다.

모든 육상경기는 트랙을 시계 반대 방향으로 돕니다. 스피드스케이팅이나 쇼트트랙도 마찬가지죠. 왜일까요? 이유는 오른손잡이가 코너를 돌 때 오른쪽 다리로 원심력을 버텨주면 기록이 더 좋게 나오기 때문입니다. 따라서 왼손잡이에게는 시계 반대 방향으로 도는 것이 불리합니다. 심지어 야구도 베이스를 시계 반대 방향으로 돕니다. 일반적으로 왼손 타자가 타격 후 1루까지 달려가는 거리가 오른손 타자에 비해 짧아 유리하다고 알고 있지만, 장타가 나와 2루 혹은 3루까지 달려야 할 때는 왼손 타자가 불리합니다. 왼손잡이인 저의 입장에선 절대적 다수인 오른손잡이들의 명백한 횡포처럼 느껴집니다.

운동 기능뿐 아니라 감각 기능도 그렇습니다. 사격을 하거나 사진을 찍을 때, 오른손잡이는 오른쪽 눈으로 왼손잡이는 왼쪽 눈으로 겨냥을 합니다. 두 눈 중 하나가 주도적인 눈이며 이 눈이 겨냥을 담당하기 때문입니다. 텔레비전에서 뉴스를 전하는 앵커를 보면, 대부분 남성은 왼쪽에 여성은 오른쪽에 앉아 있습니다. 이는 오른손잡이가 오른쪽 눈으로 보다 쉽게 아름다운 여성 앵커를 보게 하기 위해서가 아닐까 합니다. 왼손잡이인 필자는 왼쪽 눈으로 칙칙한(?) 남성 앵커를 우선 보게 되니, 가끔은 텔레비전을 뒤집어놓거나 물구나무를 서서 텔레비전을 봐야겠다는 엉뚱한 생각도 하곤 합니다. 눈뿐 아니라

귀도 주도적인 쪽이 있습니다. 오른손잡이는 오른쪽 귀로 전화를 받는 것이 왼쪽 귀로 받는 것보다 이해가 잘되며 반응도 정확합니다.

텔레비전과 전화 이야기를 했으니 우리가 일상에서 쓰고 있는 생활기구에 대해서 좀 더 이야기를 해볼까요? 대부분의 생활기구는 85~90퍼센트에 이르는 오른손잡이에 친화적으로 만들어져 있어서, 왼손잡이는 생활하는 데 불편한 점이 많습니다. 대부분의 냉장고는 오른손잡이가 편하게 열 수 있게 만들어졌으며(문 2개짜리도 냉장실이 오른쪽), 가위도 오른손잡이에게 편하게 되어 있고, 지하철 개찰구에 카드를 대는 것도, 버스를 탈 때 카드를 대는 것도, 회전문을 미는 방향도, 엘리베이터 자판도 모두 오른손잡이에게 맞춰져 있습니다. 이렇다 보니 오른손잡이들은 느끼지 못하는 안전사고의 위험들이, 왼손잡이에게는 생활 곳곳에 생각보다 많이 존재합니다.

얼마 전 재미있는 냄비를 발견하고 흐뭇한 미소를 지은 적이 있습니다. 보통의 냄비는 긴 손잡이가 달린 냄비 한쪽에, 새부리처럼 생긴 부분이 있습니다. 내용물을 섭

◆ 오른손잡이를 위한 냄비(좌)와 모든 사람을 위한 냄비(우)

게 따르기 위한 일종의 장치인데요. 대부분의 냄비는 손잡이를 잡고 보면 부리 부분이 냄비의 왼쪽에 만들어져 있습니다. 당연히 오른손잡이를 위한 모양입니다. 왼손잡이가 이런 냄비를 사용하려면 손을 반대로 비틀어야만 합니다. 예상하셨겠지만 제가 발견한 냄비는 양쪽에 부리가 있는 냄비였습니다. 작은 배려였지만 왼손잡이에게는 큰 도움이 될 것이란 생각을 했습니다.

장애인이나 성소수자, 다문화가정 등이 점점 늘어나면서 우리 사회의 소수자에 대한 담론이 본격적으로 이뤄지고 있습니다. 작은 배려와 노력이 우리 사회를 보다 아름답게 만들 수 있을 겁니다.

26.
바이러스와 숙주

톡소포자충Toxoplasma gondii이라는 기생충에 감염된 쥐는 고양이를 두려워하지 않습니다. 이 신기한 현상은 톡소포자충이 기획한 일입니다. 톡소포자충의 목적은 중간 숙주인 쥐를 거쳐, 최종 숙주인 고양이 내장에 들어가 알을 낳고 일생을 마치는 것입니다. 이를 위해 톡소포자충이 쥐의 편도를 억제해, 쥐가 고양이를 두려워하지 않게 만든 것이죠. 공포를 담당하는 편도를 심하게 억제한 경우에는, 쥐가 고양이를 자기의 짝짓기 상대로 오판한다니 신기할 따름입니다. 고양이가 자기를 두려워하지 않는 쥐를 잡아먹는 것은 '식은 죽 먹기'일 것입니다. 톡소

포자충이 자손을 퍼뜨리기 위해 기획하고, 그에 따라 쥐와 고양이가 충직한 꼭두각시 역할을 하는 한 편의 드라마를 보는 듯합니다.

레우코클로리디움 바리에Leucochloridium variae라는 기생충은 멀쩡한 달팽이를 '좀비 달팽이'로 만들어버립니다. 달팽이에 침투한 기생충이 달팽이 더듬이에 들어가 새가 좋아하는 벌레처럼 흉내를 낼 뿐 아니라, 달팽이를 나무 위로 올라가게 해 새의 눈에 잘 띄게 만듭니다. 원래 달팽이는 남에게 잘 들키지 않기 위해 낮에는 축축하고 으슥한 곳에 숨어 있다가 밤에만 이동한다는 것을 감안하면 엄청난 변화가 아닐 수 없습니다.

이 기생충은 중간숙주인 달팽이를 거쳐 새의 내장에 들어가 알을 낳는 것이 삶의 목표입니다. 달팽이의 더듬이에 있는 기생충을 벌레로 착각하고 먹은 새는 똥으로 기생충 알을 내보내고, 건강한 달팽이는 그 똥을 먹고 기생충에 감염되는 것이 반복되죠. 톡소포자충과 유사한 방법으로, 이 기생충도 자손을 퍼뜨리기 위해 달팽이와 새를 충직한 노예로 만든 것입니다.

감기는 바이러스성 공기전염질환입니다. 춥고 건조하면 감기 바이러스의 증식이 쉬워져 감기에 걸리기 쉽습니다. 감기가 심해지면서 엄청나게 증가한 바이러스는 한 명의 숙주(환자)에 만족하지 못합니다. 이에 감기 바이러스는 코와 목 부분을 포함한 상기도에 염증을 일으켜 기침이나 재채기 같은 호흡기 증상을 유발합니다. 기침이나 재채기에 의해 밖으로 튀어 나간 감기 바이러스는 바로 옆에 있는 건강한 사람에게 전달되어 또 다른 감기 환자를 만듭니다. 감기가 공기로 전염되는 과정이죠.

이러한 전염 과정에 등장하는 2명의 사람과 감기 바이러스 중 누가 이득을 봤다고 생각하나요? 환자는 바이러스를 자신의 몸에서 일부 내보냈으니 이득입니다. 바이러스도 숙주를 둘로 늘렸으니 이득입니다. 반면 환자 옆에 있던 건강한 사람은 단단히 손해를 봤다고 생각할 수 있습니다. 하지만 억울하게만 생각하지 마십시오. 곧 기침을 통해 옆에 있는 사람에게 자신의 몸속 바이러스를 전달할 것이니까요. 물론 이 모든 기획은 감기 환자와 그 옆의 건강한 사람 모두를 노리개로 삼으면서 감기 바이러스가 꾸며낸 일입니다.

식중독은 수인성 질환입니다. 소독이 제대로 되지 않은 음식을 먹으면 식중독에 걸릴 수 있습니다. 병이 진행되면서 증가한 식중독균은 기침이 아닌 설사나 구토를 통해 다른 사람에게 전해집니다. 수인성 질환이기 때문이죠. 전염되는 경로는 다르지만 감기 바이러스와 식중독균의 기획은 일맥상통합니다.

공수병은 이름 그대로 물을 무서워하는 병입니다. 좀 생소한 병명이라 생각하실지도 모르겠습니다만 공수병의 다른 이름은 '광견병'입니다. 이 병은 감염된 가축이나 야생동물이 미친개처럼 돌아다니다 사람을 물 경우 타액에 있는 바이러스가 상처를 통해 사람에게 침투함으로써 유발됩니다. 공수병에 감염된 동물은 침을 흘리고 다니거나, 물을 무서워하며 물 먹는 것을 꺼립니다. 이 모든 행동이 입 속 공수병 바이러스 농도를 높게 유지해 공수병이 잘 전염되게 하려는 공수병 바이러스의 기막힌 속셈이라면 믿으시겠습니까?

"역사는 피의 욕조다." 미국의 철학자이자 심리학자인 윌리엄 제임스가 전쟁에 반대하면서 한 말입니다. 역사를 통해 본 인간은 자기의 종교나 이데올로기를 따르지 않으면 상대를 멸시하거나 처단하는 경우가 빈번했습니다. 이 어리석은 광기에 희생된 사람은 역사적으로 엄청나게 많았죠. 30년전쟁(1618~1648년)은 로마 가톨릭 교회를 지지하는 국가와 개신교를 지지하는 국가 사이에서 벌어진 종교전쟁이었습니다. 인류 역사상 가장 잔인한 전쟁 중 하나였으며 사망자 수가 무려 800만 명에 이르렀습니다.

이 전쟁 역시 여느 많은 전쟁들과 같이 작은 문제에서 시작됐습니다. 새로 선출된 신성 로마제국 황제 페르디난트 2세는 국민들에게 로마 가톨릭을 강요했습니다. 이에 북부 프로테스탄트 국가들이 개신교 제후동맹을 결성해 반대한 것이 전쟁의 발단이었습니다. 참전국들의 국민이 무참히 죽어나가고 국가재정이 파탄 위기에 몰려 유럽을 공포에 빠뜨린 것을 생각해보면, 신앙의 기본적인 취지와는 어울리지 않는 판단이자 행동이었습니다.

더욱 안타까운 사실은 400년 전 30년전쟁이 발발했을 때와 현재가 크게 다르지 않다는 것입니다. 종교 갈등은 여전히 세계 곳곳에서 빈번하게 발생하고 있습니다. 더구나 세계 곳곳의 어른들이 자신들의 아이가 이런 망상에 빠지도록 종용하기도 합니다. 종교적인 신념으로 무장한 소년병이 소총을 들고 두려움 없이 거대한 적에게 맞서는 장면은 '이데올로기 뇌벌레'에 감염된 인간을 단적으로 보여줍니다. 저는 그 소년병이 톡소포자충에 감염돼 고양이를 우습게 보는 쥐나 속절없이 나무 위로 오르는 달팽이와 크게 달라 보이지 않습니다.

27.
새들은 어떻게 장수하는 것일까?

생명체의 수명은 보통 체구와 비례합니다. 코끼리 수명 60년, 사자 수명 15년, 쥐의 수명 2년과 같이 말이죠. 그런데 이렇게 수명이 체구에 비례한다는 것을 감안하면, 비둘기와 말의 수명이 20년 정도로 비슷하다는 것은 충격적입니다. 참새는 쥐보다 체구가 작지만 쥐의 3배 가까이 오래 삽니다. 쥐와 비슷한 체구나 모습을 가진 박쥐도 포유류지만 날아다닌다는 이유만으로 쥐보다 10배 정도 오래 삽니다.

벌새의 심장박동수는 안정 상태에서도 1분에 500~600회로 엄청나지만, 꽃의 꿀을 빨아먹는 동안에는 예술

비행으로 정지한 상태를 유지하면서 심장박동수가 무려 1분에 1,200회까지 증가합니다. 이런 벌새의 체구나 대사량을 생각하면 1년도 못 살고 죽을 것 같지만, 벌새의 수명은 10년 이상입니다. 분명 새가 포유류보다 오래 사는 것처럼 보입니다. 인간도 오래 살고 싶으면 등에 날개를 달고 날아야 할 것 같습니다.

새들은 청양고추를 잘 먹습니다. 매운맛은 고추의 캡사이신이 TRPV1(캡사이신 수용체)과 결합해 느껴지는데, 조류의 TRPV1은 캡사이신과 제대로 결합하지 못해서 고추의 매운맛을 느끼지 못합니다. 이는 포유류와 조류의 TRPV1 구조가 다르기 때문입니다. 일부 진화생물학자들은 고추가 캡사이신을 조류가 아닌 포유류의 TRPV1에만 결합하는 이유가, 고추가 자기의 씨를 잘 퍼뜨리기 위해 자신들의 파트너로 포유류 대신 멀리 날아갈 수 있는 조류를 선택했기 때문이라고 주장하기도 합니다.

그러나 고추의 이런 속셈은 인간이 고추의 매운맛을 즐기면서 산산조각이 나고 말았습니다. 인간의 캡사이신에 대한 사랑을 고추가 미처 예상하지 못한 것이 화근이었죠. 그렇다면 고추의 전략은 실패일까요? 열심히 고추 농사를 짓고 있는 농부를 볼 때면, 고추가 의도하진 않았지만 오히려 자기의 씨를 퍼뜨리기 위해 훌륭한 일꾼(인간)을 고용한 것은 아닐까 생각해봅니다.

TRPV1의 주 기능은 열과 통각을 감지하는 것입니다. 매운맛이 통증의 한 형태라고 말하는 것이나, 매운 음식이 뜨거우면 더 맵게 느껴지는 것은 TRPV1이 열 자극, 캡사이신, 통각을 함께 수용하기 때문입니다. 뜨거운 물체를 잡았을 때 '뜨겁다'와 '아프다'를 동시에 느끼면서 불쾌해지는 것도 같은 이유입니다. TRPV1의 온도 문턱값은 섭씨 42도입니다. TRPV1의 온도 문턱값은 우리의 체온을 일정하게 유지하는 데도 중요한 역할을 합니다. 새들의 체온은 포유류보다 4도 이상 높은 섭씨 40~44도인데, 이는 조류 TRPV1의 온도 문턱값이 포유류보다 4도 이상 높은 섭씨 46~48도라는 것과 연관이 있습니다.

체온이 오르면 면역 기능이 올라갑니다. 감기에 걸려 체온이 올라가면 감기 바이러스의 성장이나 생성은 억제되고, 백혈구의 기능은 활성화되죠. 적군은 약해지고 아군은 강해지는 겁니다. 체온 상승이 환자에게는 불편함을 주지만, 병을 잘 물리칠 수 있게 환경을 만들어주는 셈이죠. 의사와의 상의 없이 해열제를 남용해서는 안 되는 이유가 바로 여기에 있습니다.

최근에는 암을 치료하기 위해 체온을 올리는 방법이 시도되고 있습니다. 고온으로 백혈구의 기능을 강화시켜 암세포를 치료하기 위함입니다. 한발 더 나아가 체온을 높이면 면역 기능이 강화돼 장수할 수 있다고 주장하는 이도 있습니다. 아무래도 체온이 높은 조류가 장수한다는 것에서 힌트를 얻은 듯합니다.

그러나 체온이 높아지면 대사가 증진되어 산소를 많이 쓰게 되므로, 산소 찌꺼기인 유해산소가 많아질 수밖에 없습니다. 유해산소는 그 생성량에 따라 노화의 속도가 결정되며, 우리가 통상적으로 성인병이라 일컫는 고혈압, 당뇨, 치매 등의 원인이 되기도 합니다. 포유류의 체온이 오랜 진화를 통해 37도 정도로 맞추어진 것은 그 나름 대로의 의미가 있습니다.

장수 동물 순위를 보면, 거의 대부분 변온동물이 상위를 차지하고 있습니다. 1위는 수명이 무려 507년인 '대양백합조개'이고, 2위는 수명이 400년인 '그린랜드상어'입니다. 변온동물은 체온을 생성하지 않아서 산소도 덜 쓰고 유해산소도 덜 생성합니다. 포유류 중에 가장 오래 사는 것이 수명 211년인 '북극고래'라는 것을 보면, 생명체의 수명은 유해산소의 생성량과 깊은 관련이 있음을 알 수 있습니다.

그럼 도대체 새들이 장수하는 비결은 무엇일까요? 조류는 공중을 날아야 하고 체온도 높아 산소 소모량이 많음에도 같은 체구의 포유류보다 장수합니다. 답은 유해산소 생성량에 있습니다. 조류의 유해산소 생성량은 포유류의 10퍼센트로 알려져 있습니다. 이는 조류의 미토콘드리아가 호흡에 참여하는 산소의 대부분을 유해산소가 아닌 물로 만드는 효율적인 에너지 대사를 하기 때문입니다. 아마도 공중을 나는 조류는 포유류와 달리 에너지 효율에 대한 강한 도태 압박을 받았을 것이고, 결국 효율적인 에너지 대사를 통해 수명이 길어지는 어부지리를 얻은 것으로 보입니다. 조류는 또한 글루타티온glutathione 등 항산화작용을 하는 물질을 많이 갖고 있으며, 미토콘드리아막의 포화지방산이 적어 유해산소에 대한 피해를 최소화함으로써 수명에 긍정적인 효과를 얻었을 것입니다.

조류가 즐겨 먹는 열매에도 장수의 비결이 숨겨져 있습니다. 카로티노이드carotinoid는 유해산소로부터 세포막의 인지질을 보호하며, 비타민 E는 지방의 과산화peroxidation를 억제하고, 비타민 C는 유해산소를 무력화시킵니다. 조류에게 많은 요산도 항산화작용을 합니다. 포유류는 질소 대사 산물로 요소를 만들지만, 조류는 요산을 만듭니다. 조류의 몸속에서 항산화작용을 마친 요산은 소변으로 배출되는데, 대소변을 함께 배출하는 새의 똥에서 하얗게 보이는 부분이 바로 요산입니다.

정리하자면 거북이와 같은 변온동물은 유해산소를 적게 만들어 장수하지만, 대사가 왕성한 조류는 유해산소 생성 시스템을 조절함으로써 수명을 늘렸습니다. 그런데 이도 저도 아닌 포유류는 셋 중 가장 진화된 듯해도 수명은 꼴찌입니다. 뭐 억울해도 어쩔 수 없습니다. 분명한 것은, 인간이 체구에 비해 황당하게 긴 수명인 100세를 부르짖고 있다는 사실입니다. 이건 앞서 본 자연의 순리에서 분명한 반칙입니다.

28.
여자가 남자보다 한 단계 더 진화했다!

여러분은 우측통행을 잘 지키는 편인가요? 혼잡한 출퇴근길 지하철 계단에서 일부 승객만 우측통행을 어겨도 인파의 흐름은 엉망진창이 됩니다. 건물의 출구와 입구가 따로 정해져 있지 않거나, 출입구가 하나면 사람들이 엉겨서 원활한 통행을 기대할 수 없습니다. 인천공항의 출입구는 입구나 출구의 반대쪽에 '진입 금지'라는 빨간 문구가 적혀 있는 일방통행식 통로입니다. 이런 통로는 에스컬레이터처럼 흐름의 방향이 정해져 있어서 원활하게 통행할 수 있습니다. 통로의 방향을 정확하게 규정하면 흐름의 수준이 한 단계 높아지게 됩니다.

모든 동물은 하등동물에서 고등동물로 진화하는 도중 척추가 생기면서 척추동물이 되었고, 기관의 구조는 세분화됐으며 기능은 다양해졌습니다. 좀 더 구체적으로 살펴보면, 척추동물의 과학적 분류는 체온, 호흡, 수정, 난생·태생에 근거해 이뤄집니다. 척추동물은 체온 조절 방법에 따라 항온·변온 동물로, 호흡 방법에 따라 수생·육상 동물로, 수정 장소에 따라 체외·체내 수정으로, 새끼를 어떻게 낳느냐에 따라 난생·태생으로 구별된 뒤 어류, 양서류, 파충류, 조류, 포유류로 분류됩니다. 무척추동물은 몸의 구조나 기능이 제대로 세분화되지 않아서 열등한 하등동물로 취급되지만, 그 수로 보면 동물의 95퍼센트 이상을 차지하는 큰 집단입니다.

포유류의 심장은 심실이 좌우로 나눠져 있지만, 양서류의 심장은 좌우 심실이 하나로 합쳐져 있습니다. 심실이 하나로 되어 있으면 좌심실의 동맥피와 우심실의 정맥피가 합쳐지게 되므로 산소 공급이 원활하지 못합니다. 포유류는 체온을 일정하게 유지하기 위해 온몸에 산소를 효과적으로 공급해야 하는데, 이를 위해 포유류의 심실을 좌심실과 우심실로 나눈 것은 신의 한 수처럼 보입니다. 포유류의 좌심실에서 빠져나간 혈액은 '대동맥 – 동맥 – 실핏줄 – 정맥'으로 흐름이 정해진 폐쇄순환계를 따라 순환하다 심장으로 되돌아옵니다. 반면에 하등동물인 연체동물이나 절지동물 등은 구체적인 혈관이 없는 엉성한 형태의 개방순환계를 갖고 있습니다.

강장동물의 입은 먹는 기능과 배설 기능을 함께 갖고 있습니다. 물론 구토를 이야기하는 것이 아닙니다. 해파리와 말미잘, 히드라 등이 포함된 강장동물은 입으로 물과 먹이를 먹은 뒤, 강장에서 소화작용을 하고 배설물을 다시 그 구멍으로 내보냅니다. 별도의 항문 없이 입으로 두 가지 일을 하는 것이죠. 물론 지저분하기가 이를 데 없다고 생각하실 수도 있습니다. 더구나 강장동물의 '강장'이라는 장기가 우리의 소화기계와 순환기계의 기능을 뭉뚱그려 수행하는 것을 보면, 강장동물이 분명 하등동물임을 알 수 있습니다.

최근에는 그나마 있던 강장마저 없는 강장동물이 발견되어, 이름을 '촉수에 달려 있는 작은 독침'이라는 뜻의 자포동물로 바꾸었다니 하등동물의 설움을 알 듯합니다. 강장동물과 달리 해삼이나 성게가 속한 극피동물은 입과 항문이 따로 존재한다니, 앞으로 극피동물인 해삼과 강장동물인 말미잘을 같은 수준으로 취급하는 일은 없어야겠습니다.

　어류, 파충류, 조류 등 포유류가 아닌 척추동물은 생식기, 항문, 요도가 모두 한 구멍으로 모인 총배설강을 갖고 있습니다. 총배설강은 소화관의 끝인 항문 부분에 생식수관(생식기)과 수뇨관(요도)이 연결되어 한 구멍으로 함께 배설하는 형태를 말합니다. 달걀 껍질에 닭의 똥이 묻어 있는 것은, 생식기와 항문이 분리되어 있지 않다는 것을 의미합니다. 길바닥에 떨어져 있는 새똥을 자세히 보면 검은 부분과 흰 부분이 그림물감을 섞어놓은 것처럼 뒤섞여 있는데, 바로 흰 부분이 소변으로 배출되는 요산입니다. 이 또한 항문과 요도가 분리되어 있지 않다는 증거입니다.

　가장 원시적인 형태의 포유류인 단공류도 조류처럼 총

배설강을 갖고 있습니다. 단공류에 해당하는 동물은 현재 지구상에 오리너구리와 바늘두더지, 두 종류가 있습니다. 단공류는 다른 포유류와는 달리 알을 낳으며 조류나 파충류와 같이 항문과 비뇨생식계의 출구가 합쳐져 있고, 오리너구리의 경우에는 물갈퀴가 있는 등 하등동물이 포유류로 진화되어 가는 과정의 모습을 여러 가지 가지고 있습니다. 또한 경골어류는 어류이면서도, 항문과 비뇨생식계의 출구를 따로 가지고 있는 것을 보면 단공류와 같이 진화의 증거로 여겨질 만합니다.

단공류를 뺀 나머지 모든 포유류의 항문과 요도는 완전히 분리돼 있습니다. 총배설강에서 한 단계 발전한 모양입니다. 그러나 포유류의 수컷은 요도와 생식기가 분리되지 않은 상태로 하나의 구멍을 이용하고 있습니다. 이는 두 대의 자동차가 차선이 없는 도로를 운행하는 것과 같으며 진화되고 있는 과정이라고 쉽게 생각할 수 있지만, 포유류의 암컷을 보면 생각이 달라집니다. 포유류의 암컷은 생식기, 항문, 요도가 완벽하게 분리되어 있기 때문이죠.

여성은 남성보다 한 수 위의 생물입니다. 입과 항문이 구별되지 않은 강장동물보다 입과 항문이 완벽하게 구별된 극피동물이 한 수 위고, 그보다는 총배설강을 가진 조류나 파충류가 한 수 위며, 그 위에 항문과 요도가 분리된 포유류의 수컷이 한 수 위에 있습니다. 맨 꼭대기에는 항문과 요도, 생식기까지 완벽하게 분리된 생물, 바로 포유류의 암컷이 존재합니다. 여성이 남성보다 한층 더 진화된 형태라는 것을 남성들은 잊지 않기 바랍니다.

29.
인간만이 흰자위를 갖고 있는 이유

예로부터 네발짐승은 먹이를 찾느라 하루의 대부분을 땅만 보고 다녔습니다. 당연히 주위의 동료를 보는 시간은 그렇게 길지 않았을 겁니다. 그러나 인간이 직립하면서 상황은 달라졌습니다. 시선은 정면을 향하고, 상대편과 얼굴을 마주하게 됐습니다. 말하기에 앞서 얼굴 표정으로 내 감정과 생각을 자유롭게 전달할 수 있게 된 것이죠. 상대방에게 얼굴 표정을 보여주려면, 얼굴의 털을 없애는 것이 필요했습니다. 털이 수북하면 미미한 근육의 수축이나 찰나의 표정 변화를 상대방에게 전달하기 어렵기 때문이죠.

호모 사피엔스가 네안데르탈인과의 경쟁에서 살아남은 이유 중 가장 중요한 것은, 소통을 통해 분업과 교역에 성공한 것이었습니다. 소통은 상대방과의 교감으로부터 나오고, 얼굴 표정이 그 시작점일 것입니다. 상대방의 얼굴 표정을 보거나 상대방과 눈을 마주치는 것 모두 눈의 역할이 중요합니다. 엄밀히 말해 소통의 창구는 눈인 셈이죠.

눈에 흰자위를 가지고 있는 동물은 인간뿐입니다. 정면에서 눈의 흰자위가 보인다는 것은 서로가 자기의 시선을 상대방에게 알려주는 것입니다. 인간과 유사하다고 하는 오랑우탄, 침팬지, 고릴라 등을 포함한 모든 동물의 눈에는 흰자위가 없어서 우리가 선글라스를 쓴 것처럼 어디를 보는지 도무지 알 수가 없습니다.

혹시 집에서 기르는 개나 고양이의 눈에 흰자위가 있다고 생각하시는 분이 있을지도 모르겠습니다. 하지만 개나 고양이 눈의 가운데 검은 것은 동공이고, 그 주위의 밝은 부분은 홍채입니다. 물론 개나 고양이 눈에 흰자위가 없는 것은 아닙니다. 다만 눈의 뒤쪽에 있어 정면에서

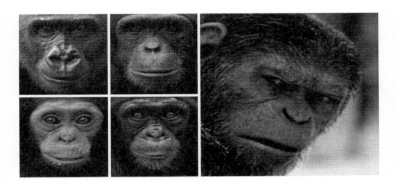

◆ 사람처럼 흰자위를 가진 〈혹성탈출〉의 외계인

는 잘 보이지 않아 시선을 쉽게 파악할 수 없습니다.

영화 〈혹성탈출〉을 보셨습니까? 이 영화에 나오는 외계인의 몸은 유인원을 닮았지만 눈에는 흰자위가 있습니다. 영화 〈ET〉에 나오는 주인공도 몸은 요상하게 생겼지만 눈에는 흰자위가 있습니다. 아이들이 좋아하는 만화의 동물 캐릭터도 유심히 보면, 거의 모두 눈에 흰자위를 가지고 있다는 것을 발견할 수 있습니다. 눈에 흰자위만 있으면 몸이 다르게 생겨도 우리 편처럼 느껴진다는 점을 노린 것입니다. 여러분은 이 사실을 지금 처음 알았을

지 모르지만, 제작자나 만화가들은 이미 이 사실을 꿰뚫고 있었던 것 같습니다.

하버드대학교 의과대학 신경생물학자인 마가렛 리빙스톤Margaret Livingstone 교수가 2017년 10월 「네이처신경과학Nature Neuroscience」에 보고한 연구결과에 따르면, 자폐증 가능성이 높은 아기들에게 부모나 가족의 얼굴을 많이 보게 하고 특히 눈을 자주 맞추게 하면 자폐증의 발병률을 줄일 수 있다고 했습니다. 또한 케임브리지대학교의 빅토리아 레옹Victoria Leong 교수가 2017년 12월 「미국국립과학원회보PNAS」에 보고한 논문에 따르면, 아기와 부모의 뇌파가 서로의 눈맞춤을 통해 일치하게 된다고 합니다. 이 두 연구결과는 어릴 때 상대방과 시선을 마주치는 것이 성장 초기의 뇌 발달에 얼마나 중요한지를 알려줍니다.

여러분은 phubbing(퍼빙)이라는 영어 단어를 들어본 적이 있습니까? 스마트폰을 뜻하는 'phone(폰)'과 무시를 뜻하는 'snubbing(스너빙)'의 합성어로, 현대인이 스마트폰에 빠져 앞에 있는 상대방을 무시하는 것을 비꼬는 말입니다. 직접 소통하는 것보다 문자 메시지나 이메일을 더 편하게 생각하는 현대인들이 늘어난다는 뉴스를 접할 때마다 안타까운 마음이 들곤 합니다. 인간은 아주 오래전부터 상대방과 마주하며, 소통을 통해 남의 마음을 알아내고 공감 능력을 길러왔습니다. 그러나 오늘날 우리는 점점 소통과 공감에서 멀어지는 것이 아닌가 걱정이 됩니다.

나쁘다는 것을 알면서도 멈추지 못하고 계속 빠져드는 것을 중독이라고 합니다. 중독은 물질중독과 행위중독으로 나눌 수 있는데, 스마트폰중독이나 인터넷중독 등은 행위중독에 속합니다. 도대체 인간은 왜 나쁜 자극과 유혹에 빠져드는 것일까요? 자기에게 해롭다는 것을 뻔히 알면서 우매하게 나쁜 일을 감행해버리는 동물은 지구상에 인간밖에 없다는 것을 보면, 진화가 제대로 진행되고 있는 것인지 의심스럽기까지 합니다.

지구상에서 비만으로 고생하는 동물은 인간과 인간이 기르는 반려동물뿐이며, 자기의 환경을 파괴하는 미련한 생명체는 인간과 바이러스뿐이라는 것을 보면 잘못돼도 한참 잘못된 것 같습니다. 자살을 시도하는 동물은 인간이 유일하며, 전쟁이 발발하면 낮아졌던 자살률이 평화롭고 풍요로운 사회가 되면 다시 높아진다는 사실을 밝히려면 뇌에 대한 연구가 좀 더 진행돼야 할 것 같습니다. 술 담배가 건강을 해친다고 수없이 강조해도, 아니 인간이 스스로 판단할 정도의 이성과 논리를 충분히 갖췄음에도 불구하고 금연과 금주라는 단어는 사라지지 않고 있습니다. 하기야 환자에게 금연을 권하는 의사의 주머니에도 담배가 들어 있으니 할 말이 없기도 합니다.

스마트폰에 집중하며 주변 사람과는 건성으로 눈을 맞춘 채 머리를 숙이고 목이 구부정한 상태로 돌아다니는 현대인을 보면, 어렵사리 직립에 성공한 호모 사피엔스가 다시 먹이를 찾아 땅만 보고 다니는 네발짐승으로 돌아가려는 것은 아닐까란 생각마저 들곤 합니다.

30.
1년 전 나와 오늘의 나는 똑같을까?

현재 지구상에 사는 사람의 수는 우리보다 먼저 살다 간 사람 수의 7퍼센트 남짓입니다. 우리 조상의 수가 현재 인구수의 14~15배 정도라는 말이죠. 조상들이 우리의 경험을 이미 14~15회 반복했었다는 것과 그 경험의 누적을 기록한 것이 역사임을 생각해보면 역사가 얼마나 중요한지 알 수 있습니다. 현재 인간의 수명을 고려해보면 100년 후에는 현재 살고 있는 거의 모든 사람이 지구상에 살아남아 있지 않을 것입니다. 당연히 지구에 사는 대부분의 사람은 새로운 사람으로 바뀌어 있겠죠. 그렇다면 지금과 전혀 다른 사람들이 살고 있을 100년 후의 지구는 지금의 지구와 같은 지구인가요?

100년 후에는 건축물을 포함한 지구의 거의 모든 구조물이 바뀌어 있을 것이며, 동식물 등을 포함한 자연생태계 또한 다른 모습일 겁니다. 그러나 인간이 생겨나기 전부터 지구는 한 치의 오차도 없이 태양의 주위를 일정하게 돌고 있었으며, 달 또한 지구의 주위를 변함없이 돌고 있었습니다. 어찌 보면 지금의 지구와 100년 후의 지구가 같은 지구라고 할 수 있을 것도 같고 아니라고 할 수도 있을 것 같습니다.

우리 몸에서 일어나는 대사는 영어로 metabolism(메타볼리즘)입니다. 내부와 외부 간의 에너지 교환을 뜻하는 이 말은, 희랍어 'metaballein(메타발레인)'에서 유래된 것으로 '변하다'는 뜻을 갖고 있습니다. 좀 더 자세히 살펴보면, 에너지 대사란 '생명체가 자연에 있는 영양소를 체내에서 산화시킴으로써 ATP 형태의 에너지를 얻고, 이를 통해 생명을 유지하는 과정'입니다. 동물에서 ATP는 자발적인 골격근의 움직임뿐 아니라 심장이나 허파 및 소화기관 등의 작동과 체온 유지 등에 쓰입니다. ATP라는 화학에너지가 골격근 수축이라는 기계적 에너지로, 혹은 체온이라는 열에너지로 전환되는 것이죠.

생명체에서는 쉽게 볼 수 있는 이런 에너지 전환을 인간이 기계에 이용하기 시작한 것은 산업혁명 이후입니다. 산업혁명 이전의 기계들은 물의 흐름을 이용한 물레방아처럼 기계적 에너지를 기계적 에너지로 이용하는 단순한 형태가 전부였습니다. 산업혁명 이전에 있었던 돛단배도 바람이라는 기계적 에너지를 배를 움직이는 기계적 에너지로 이용한 것이었습니다. 그러나 산업혁명 이후에는 열에너지로 물을 끓여 생긴 수증기의 힘으로 배나 기차를 움직이는, 다시 말해 열에너지를 기계적 에너지로 전환시킨 증기선이나 증기기관차 등이 나타났습니다.

생명체가 아주 오래전부터 다양한 방법으로 사용해왔던 에너지 전환을, 인간이 이용하기 시작한 것은 산업혁명 이후로 이제 겨우 500년도 채 되지 않습니다. 남의 논문이나 특허를 베끼면 표절로 걸리지만, 자연 현상을 보고 남에게 알리거나 베껴서 흉내 내면 발견이나 발명을 했다고 대접을 받으니 '자연이 교과서'라는 말이 틀리지 않은 것 같습니다.

1년이 지나면 우리 몸을 구성하는 거의 모든 성분은 새것으로 바뀝니다. 가장 빠르게 바뀌는 장기 중 하나인 피부의 표피세포는 수명이 28일입니다. 표피의 가장 아래쪽에 있는 줄기세포 역할의 기저세포가 분화해 맨 위에 있는 각질세포로 변하는 데 28일 정도 걸리며, 이후에는 피부에서 떨어져 나갑니다. 즉, 한 달 전에 있었던 내 몸의 피부세포는 모두 사라지고, 완전히 새로운 피부세포가 들어선 것이죠. 위 점막세포의 주기도 28일로, 피부세포와 비슷한 운명을 가지고 있습니다. 이쯤에서 앞서 했던 것과 비슷한 질문이 다시 떠오릅니다. 한 달 전의 나는 지금의 나일까요?

수명이 120일인 적혈구는 각각의 생성 시기가 다르므로, 나이가 1일부터 120일까지로 다양합니다. 따라서 태어난 지 120일 된, 수로 보면 120분의 1 정도의 적혈구는 오늘 사라질 것이고, 그만큼의 적혈구가 오늘 태어나는 것을 반복합니다. 넉 달 전 내 혈관에 흘렀던 적혈구는 하나도 빠짐없이 모두 사라졌고, 지금은 완전히 새로운 적혈구가 돌아다니고 있으니 넉 달 전의 내가 지금의 나와 같은지 또다시 궁금해집니다.

적혈구나 피부세포와는 달리 심장과 뇌의 세포는 분열하지 않습니다. 따라서 세포분열 중 실수의 결과물인 암세포가 발생하지 않아 심장과 뇌에는 암이 생기지 않습니다. 세포분열을 하지 않으면서도 심장과 뇌의 크기가 커지는 이유는, 세포 수가 늘어나지 않더라도 세포 하나하나의 크기가 커지기 때문입니다.

분열을 하든 크기가 커지든 세포는 끊임없이 변합니다. 세포를 구성하는 모든 성분도 1년이면 거의 모두 새로운 것으로 바뀐다 했으니, 여기서 다시 묻습니다. 1년 전의 나는 지금의 나일까요? 생각에 따라서는 모습만 비슷할 뿐이지, 완전히 다른 성분을 가진 생명체일 수도 있기에 하는 말입니다. 100년 전의 지구와 지금의 지구가 같은지 애매하듯, 1년 전의 내가 지금의 나와 같은 사람인지 역시 애매합니다.

31.
왜 유성생식으로 진화했을까?

19세기 중반(1847~1856년)의 아일랜드는 생지옥이었습니다. 주식인 감자가 '감자 마름병'에 걸려 제대로 생산되지 않아 인구 800만 명 중 100만 명이 굶어 죽었으며, 그보다 많은 사람이 미국으로 이주했습니다. 아일랜드 수도 더블린에 있는 '감자 대기근 동상'은 그때의 참상을 잘 말해주고 있습니다.

아일랜드 날씨는 안개가 잦고 강수량이 많아 감자를 재배하기에 최적의 환경이지만, 그만큼 전염병이나 곰팡이균이 퍼지기에도 좋은 조건입니다. 감자를 재배하기에 좋은 날씨가 감자 마름병에게도 최적의 조건을 제공한 셈이죠.

더욱이 그 시절 아일랜드에서는 감자 마름병에 유난히 약한 종인 '램퍼'만 재배했으니, 수확되는 감자는 거의 없어 국민들은 식량난에 허덕였고, 농부들이 제대로 먹지 못해 농사를 짓지 못하는 악순환이 반복됐습니다. 만약 당시 여러 종의 감자를 재배했다면 이런 참사가 발생하지 않았을 것입니다.

우리가 현재 먹고 있는 바나나의 99퍼센트는 '캐번디시' 종입니다. 많은 학자들은 언젠가 캐번디시 바나나를 치명적으로 공격하는 전염병이 발생한다면, 우리는 영원히 바나나를 먹을 수 없을지도 모른다고 주장하고 있습니다. 최근에 필리핀 등에 확산된 '신파나마병'이 이를 증명하고 있습니다. 곰팡이의 일종인 병원체에 의해 바나나 나무가 말라버리는 신파나마병은 바나나 생산량을 급속도로 줄이고 있죠. 만약 인류가 바나나를 계속 먹고 싶다면 다양한 바나나 종을 개발하는 등의 대비가 필요할 것입니다.

우리나라 혈액형 분포를 보면 A형이 34.5퍼센트, B형이 27.1퍼센트, O형이 27퍼센트, AB형이 11.4퍼센트입니다. 그러나 남미에 사는 사람은 O형이 압도적으로 많으며 페루 인디언과 브라질 보로도 원주민은 100퍼센트 O형입니다. 일부 학자들은 이 이유가 성병이 크게 유행해 다른 혈액형이 전멸하고 O형만 살아남았기 때문이라고 추정합니다. 일부 역사학자들은 잉카제국의 멸망이 특정 전염병에 의해 O형이던 잉카제국 주민들이 몰살했기 때문이라고 주장하기도 합니다. O형은 비교적 바이러스에 강하며, A형과 B형은 박테리아에 강한 것으로 알려져 있습니다. ABO 혈액형이 네 가지인 것은 인류에게 다양성을 제공한 셈이죠.

조류독감이 유행하면 철새와 같은 야생 조류가 원흉으로 취급받습니다. 철새가 조류독감 바이러스를 가져와 집단 사육하고 있는 닭과 오리에게 옮긴다는 것입니다. 물론 이 전파의 가능성이 없는 것은 아닙니다. 그러나 야생 조류의 형질은 다양한 반면, 사육하는 닭과 오리는 근친교배로 인해 형질이 단조롭다는 것이 더 위험한 요인입니다. 야생 조류는 바이러스에 노출되더라도 무리 중 일부만 감염되는 반면, 사육하는 조류는 형질이 단조로워 한꺼번에 감염될 가능성이 높은 것이 더 큰 문제입니다.

유성생식은 끊임없이 다양성을 추구합니다. 암수 한 몸인 지렁이는 자기가 아닌 다른 지렁이와 짝짓기를 하며, 식물은 자가수정 방지 시스템을 갖고 있습니다. 근친교배가 나쁘다는 것을 본능적으로 아는 듯합니다.

유럽과 일본 왕실이 근친결혼으로 인한 기형과 유전질환으로 고생한 것은 역사적으로 잘 알려진 사실입니다. 근친결혼으로 태어난 2세는 숨겨져 있던 열성형질이 표현되어 혈우병, 정신 이상, 저능아 등 각종 장애를 보입니다. 우리나라에서 8족 이내 혈족 간 동성동본의 결혼을 금지하는 것과 같이, 세계 모든 나라가 범위의 차이는 있지만 근친결혼을 금지하고 있는 것 역시 이 때문입니다.

경제적 단일성의 폐해에 대한 논란은 아직도 뜨겁습니다. 냉전이 끝나면서 대다수 국가가 일률적으로 자본주의와 관련된 금융정책을 채택했습니다. 경제적 단일성을 이룬 것입니다. 단일화된 글로벌 경제는 문화적·정치

적 차이에 상관없이 동일한 잣대를 적용하므로 교역의 효율성을 높이는 결과를 가져왔습니다. 그러나 경제적 다양성의 감소로 나타나는 폐해는 계륵처럼 남아 있습니다.

그리스는 2010년 봄, 디폴트(채무 불이행)에 직면했음을 선언하여 유로존 국가를 포함한 전 세계 금융시장을 요동치게 만들었습니다. 교역의 능률을 높이기 위해 유럽을 하나로 만든 '유로화'가 그 원인이었습니다. 유로존 국가와 국제통화기금은 1,100억 유로의 구제금융안을 승인했으나, 안타깝게도 어두운 터널의 끝은 보이지 않았습니다. 그리스에 이어 스페인, 이탈리아까지 흔들렸고, 마침내 2012년 3월 유로존 재무장관들은 그리스를 위해 1,300억 유로 규모의 2차 구제금융안을 승인하기에 이르렀습니다. 2015년 7월에는 유럽안정화기금ESM이 그리스에 향후 3년간 총 860억 유로를 조건부 지원한다는 내용의 3차 구제금융 협상을 체결했고, 2017년 6월에는 3차 구제금융 지원금 860억 유로 중에서 85억 유로를 분할금 형태로 지원받았습니다(이전까지 3차 구제금융으로 317억 유로 지급). 이는 결국 영국이 유럽연합을 탈퇴하는 브렉시트의 단초를 제공해, 유럽을 혼란의 도가니로 몰아넣었습니다.

(눈치채신 분들도 있겠지만) 이제 제가 앞서 장황하게 예를 늘어놓은 이유를 말해야겠습니다. 왜 무성생식에서 유성생식으로 진화했을까요? 단순한 무성생식은 단일성의 폐해를 초래하는 반면, 복잡한 유성생식은 다양성을 제공해 다양한 변화에 대처할 능력을 갖게 된다는 진화학의 내용을 다시 생각해봅니다. 찰스 다윈은 『종의 기원』에서 "강한 자가 살아남는 것이 아니다. 현명한 자가 살아남는 것도 아니다. 변화에 대처할 수 있는 자가 살아남는다"라고 했습니다. 깊이 새겨볼 가치가 있는 명언입니다.

32.
비만에 대한 여러 가지 이야기

짐승을 사냥하던 우리 조상 중에는 배가 나온 사람이 없었습니다. 사냥만으로는 먹을 것을 충분히 얻을 수 없었기 때문이었죠. 비만은 농사를 지어 먹을 것이 풍족해지면서부터 나타나기 시작했습니다. 농사가 사냥보다 편한 것도 비만이 되는 데 일조했을 것입니다. 운동량이 적은 현대인이 폭식하는 것을 보면 비만이 되는 것은 불을 보듯 뻔한 일입니다.

쫓기는 사슴과 추격하는 치타의 몸에서는 비만의 징후를 찾아볼 수 없습니다. 먹이를 얻기 위해 끊임없이 움직이고, 포식자에게 쫓길 때는 죽어라 도망가야 하니 살이 찔 틈이 어디 있겠습니까? 치타의 사냥 성공률이 5분의 1 이하니 고기 한 점을 얻기 위해 엄청난 운동을 하는 셈입니다. 사슴이나 치타 모두, 사냥을 했던 우리의 조상과 같이 비만은 언감생심焉敢生心일 것입니다.

지구상에서 비만을 걱정하는 동물은 사람과 사람이 기르는 반려동물뿐이라는 것은 의미하는 바가 큽니다. 어느 동물이 우리처럼 잠에서 깨자마자 냉장고에 있는 음식을 마음껏 먹을 수 있겠습니까? 육식동물의 본능을 버리고 배가 늘어진 상태로 어슬렁거리며 돌아다니는 개나 고양이를 보면, 인간이 저지른 또 다른 자연 파괴를 보는 듯해서 마음이 아픕니다.

많이 먹는 사람에게 "돼지같이 먹는다"라고 말하는 것은 잘못된 표현입니다. 외모와는 다르게 돼지는 절대로 필요 이상 먹지 않습니다. 혹시 돌연변이로 폭식하는 돼지가 태어나 게걸스럽게 먹으면, 그 돼지에게 "너 사람처럼 먹는구나!" 하면 맞는 이야기일 수 있습니다. 인간이 폭식하는 것을 보면 제대로 진화한 것인지 의심스럽기까지 합니다. 물을 혀로 먹는 짐승과는 달리 필요 이상으로

벌컥벌컥 마시는 인간을 보면 더욱 그렇습니다.

곰은 겨울잠에 들어가기 전에 몸무게를 30~40퍼센트 늘립니다. 먹이가 풍성한 가을에 잔뜩 먹어 지방을 저장한 뒤, 에너지가 적게 드는 수면 상태로 열악한 겨울을 나려는 것입니다. 가을철을 이르는 '천고마비天高馬肥(하늘이 높고 말이 살찐다)'라는 사자성어에서 말이 살찐다는 것도, 열악한 겨울을 견디기 위해 풍요로운 가을에 많이 먹어두는 동물의 습성을 말하는 것입니다.

만약 인간이 곰처럼 단시간 내에 몸무게를 늘린다면 건강에 심각한 문제가 발생할 것입니다. 그러나 곰은 급격한 체중 증가에도 불구하고 심혈관계를 포함한 관련 장기에 전혀 이상소견을 보이지 않으며, 겨울잠에서 깨어나면 원래의 몸무게로 돌아와 건강한 생활을 합니다. 이 이유를 밝히기 위해, 비만에 관심이 있는 많은 과학자들이 동물의 겨울잠에 대해 면밀히 연구하고 있습니다.

지방세포는 염증성과 항염증성 효과를 보이는 아디포카인adipokines을 분비합니다. 염증성 물질에는 렙틴leptin,

리지스틴resistin, 암괴사인자TNF-a 등이 있으며, 항염증성 물질에는 아디포넥틴adiponectin 등이 있습니다. 비만 상태가 되면 염증성 물질의 분비가 느는 반면 염증 대항군이라 할 수 있는 항염증성 물질의 분비가 줄어 몸 전체가 염증 반응을 보이는 대사성 염증metabolic inflammation 상태가 됩니다. 특히 복부비만의 원인인 내장지방은 대사성 염증의 원흉으로 지목되고 있습니다. 내장지방이 많아지면 염증 성향의 M1 대식세포M1 macrophage가 많아져서 대사성 염증을 악화시키게 됩니다.

여기서 재미있는 사실이 있습니다. 대사성 염증은 세균에 의한 염증이 아니라는 사실입니다. 비만이 되면 백혈구를 포함한 면역계가 지방세포를 세균으로 착각해 반응합니다. 이것이 대사성 염증입니다. 우리가 흔히 성인병이라고 말하는 동맥경화, 당뇨병, 고혈압, 치매 등은 대사성 염증과 깊은 관련이 있습니다. 최근 연구보고에 따르면 유방암, 대장암도 대사성 염증과 관련이 깊은 것으로 밝혀졌습니다. 비만에 의한 대사성 염증이 '만병의 근원'이라는 것을 잊지 않기 바랍니다.

잘 아시다시피 운동은 비만을 잡을 수 있는 묘책입니다. 운동을 하면 부신피질에서는 글루코코르티코이드의 하나인 코르티솔cortisol이, 부신수질에서는 카테콜아민catecholamine이라는 물질이 분비됩니다. 코르티솔은 면역을 억제시키는 물질입니다. 여기서 잠깐, 면역을 억제시키는데 왜 우리 몸에 도움이 될까요. 이는 앞서 설명한 대사성 염증의 특성과 관계가 있습니다. 대사성 염증은 세균에 의한 염증이 아니라 우리 몸이 지방세포를 세균으로 착각해서 벌어지는 일이라고 설명드렸습니다. 따라서 코르티솔이 비만 상태의 지방세포를 세균으로 오판하고 있는 면역계를 진정시켜 비만에 대한 염증이 완화될 수 있는 겁니다.

투구를 마친 뒤 얼음찜질을 하는 투수의 모습을 보신 적이 있으시죠. 이 역시 대사성 염증과 관계가 있습니다. 무리한 투구를 진행한 투수의 어깨에는 대사성 염증이 발생했을 수 있습니다. 이때 얼음찜질을 통해 면역을 억제시켜 근육의 염증 반응을 줄이려는 것입니다. 코르티솔이나 카테콜아민도 항면역작용을 갖기 때문에 비슷한 작용을 합니다. 운동이 성인병 예방이나 치료에 좋은 이유가 바로 이 때문입니다. 운동은 유방암의 원인인 성호르몬의 분비도 감소시키며, 변비를 완화시켜 대장암의 원인을 줄이기도 합니다. 비만 방지 외에도 운동이 건강에 여러 형태의 긍정적 영향을 준다는 것을 알 수 있습니다.

그러나 과도한 운동은 면역을 너무 억제시켜 건강을 해치기도 합니다. 전문 운동선수들이 상기도염과 같은 호흡기질환을 달고 사는 것이나 마라톤과 같은 극한 운동을 하는 선수의 수명이 길지 않다는 사실이 의미하는 바는 큽니다. 세상 일이 다 그렇듯이 모자라거나 지나치지 않도록 중용을 지키는 것이 중요함을 새삼 알 수 있습니다.

33.
직립으로 얻은 것과 잃은 것

인간은 직립하면서 앞발을 양손으로 쓰게 되었습니다. 열대 우림에서 살던 인류의 조상이 사납고 거대한 포식 동물들과의 먹이경쟁에서 승리하기 위해, 앞발을 손으로 쓰고자 한 것이 직립으로 가는 발단이 됐을 겁니다.

인간이 직립하면서 두뇌에는 큰 변화가 일어났습니다. 두 손의 운동영역이 넓어졌으며 자세나 균형을 담당하는 뇌의 영역이 크게 변했습니다. 손의 정교한 움직임은 지능의 발달로 이어졌고, 하드웨어와 소프트웨어의 공진화를 통해 현존하는 인간의 뇌에 이르렀습니다.

손의 사용에 의해 가장 크게 변한 뇌 부위는 복잡성을

처리하는 영역인 전전두엽입니다. 500만 년간 뇌의 크기가 3배 커진 반면 전전두엽은 6배 커졌습니다. 전전두엽은 인간의 인식작용에 깊이 관여하며 창의성을 주도하는 통찰 기능에 결정적 역할을 합니다. 인간이 지구를 정복해 현재의 위치에 이르게 된 동력이 전전두엽에서 비롯됐다고 해도 과언이 아니죠. 손의 사용이 뇌의 중추 역할을 하는 전전두엽 발달에 중요하다는 것을 감안하면, 인공지능을 이용해 손을 쓰지 않고 말로 모든 것을 해결하려는 인간의 오만이 뇌의 진화를 멈춰버리지 않을까 불안하기도 합니다.

인간이 직립을 하면서 땅을 향하던 시야가 정면으로 바뀌었습니다. 땅에 있는 먹이를 찾기 바쁜 네발짐승과는 달리, 직립을 한 인간은 정면에 있는 상대방의 얼굴을 쳐다보게 되었고, 이는 소통의 시발점이 되었습니다. 얼굴 표정은 눈맞춤, 언어와 함께 상대방과 소통하기 위한 중요한 도구입니다. 안면근육을 이용한 표정으로 내 생각이나 감정을 상대방에게 전달하는 것은, 과정이 간결

하며 전달하려는 정보량에 비해 에너지가 적게 든다는 장점으로 인해 발전이 점점 가속화됐습니다. 안면근육의 수축은 정교해졌고, 얼굴의 털은 사라져 미세한 안면근육의 움직임까지 상대방에게 전달할 수 있게 됐습니다.

직립 인간의 눈 위치는 네발짐승보다 높아져서 시야가 넓으며 시력도 좋습니다. 반면 직립 인간의 후각은 네발짐승보다 둔합니다. 후각이란 휘발성의 입자를 감지해 정보의 종류나 위치를 파악하는 것이므로, 코가 땅과 가까이에 있는 네발짐승이 직립 인간보다 민감한 후각을 갖는 것이 효용성 면에서 맞아 보입니다. 하늘을 나는 독수리는 어마어마한 시각을 갖고 있지만, 무시해도 될 정도의 후각을 갖고 있는 것도 비슷한 맥락입니다. '독수리 눈'이란 말이 있듯이 조류의 시각은 좋으면 좋을수록 먹이를 찾기에 유리하지만, 후각은 상공에서 맡은 냄새의 위치를 파악하기가 어려워 먹이를 찾는 데 크게 도움이 되지 않습니다.

저는 외계인이 인간을 보면 '넘어지기 쉬운 막대사탕' 같다고 할 것 같습니다. 키 170센티미터, 어깨 넓이 40센티미터의 우리 모습은 그들이 보기에 우스꽝스럽고 불안 정해 보일 것이며, 실제로도 우리는 머리가 무거워서 쉽게 넘어지고 일부는 뇌진탕에 빠지기도 합니다.

직립을 하면서 커진 뇌와 머리뼈는 네발짐승과는 달리 수직으로 척추에 하중을 주고 있습니다. 이에 의한 임상 증상이 '척추 디스크'입니다. 정확히 말하면 디스크는 척추뼈 사이에서 충격을 완화시키는 알파벳 'C' 자 모양의 연골로, C 자의 열린 부분이 등쪽을 향하기 때문에 네발짐승은 디스크가 밀려서 신경을 누르는 현상이 발생하지 않습니다. 만일 이런 문제가 가능하려면, 디스크가 위로 솟구쳐야 하기 때문이죠. 반면 직립 인간은 무거운 머리의 힘에 의해 디스크가 뒤로 밀리면서 신경을 눌러 통증 등의 감각 이상과 운동 기능 장애를 초래할 수 있습니다.

무거운 머리는 척추와 함께 무릎과 발목에도 직접 영향을 줍니다. 네발짐승에서는 무릎과 발목에 가해지는 하중이 네 다리에 분산되지만, 인간에서는 두 다리에 집중되어 각각의 다리에 2배의 하중이 실리는 셈이죠. 우리에게 무릎관절통이 많은 것은 직립에 대한 업보 중 하나입니다.

소화기관도 직립 후에 큰 어려움을 겪고 있습니다. 네발짐승은 과식 등으로 소화기관의 부피가 커지면 아래로 처져서 배가 불룩한 모습을 보이지만, 어느 곳 하나 눌리는 모습을 찾아볼 수 없습니다. 그러나 직립 인간은 소화기관의 아래쪽이 골반으로 막혀 있어서 과식을 할 경우 소화기관 대부분이 심하게 눌려서 식후 불편함이나 복통이 유발될 수 있습니다.

이 구조는 네발짐승에서는 불가능한 치질(정확하게는 치핵)도 유발시켰습니다. 치질은 피가 중력에 의해 항문 주변의 정맥에 몰려 발생하는 일종의 정맥류로 항문의 위치상 네발짐승에서는 발생이 불가능합니다.

하지정맥류 또한 직립을 하면서 얻은 질환입니다. 하지정맥류는 다리에 공급된 피가 심장으로 돌아가지 못하고 정맥에 정체되어 있는 상태로, 직립을 하면서 심장의 높이가 상대적으로 높아져서 나타났습니다.

네발짐승의 분만통은 인간만큼 심하지 않습니다. 대부분의 네발짐승은 큰 고통 없이 분만을 하지만, 인간은 직립 보행에 유리한 작은 골반을 갖게 되면서, 골반과 자궁의 구조가 출산에 불리해졌고, 태아의 머리까지 커지면서 분만통이 유발됐습니다.

직립으로 얻은 것과 잃은 것, 수지 타산이 맞다고 생각하시나요? 여러분의 생각이 어떻든 우리는 네 발로 엉금엉금 기면서 삶을 시작한 뒤 두 발로 힘차게 걷다가 다시 나이가 들면 사용하는 발의 숫자를 늘리는 운명에 놓여 있습니다.

34.
당뇨병의 비밀

약 200만 년 전 인류가 지구상에 처음 나타난 이후로, 최근 몇백 년을 제외하면 마음껏 배부르게 먹어본 적이 없었습니다. 1만 년 전 인류가 농사를 짓기 전에는 사냥이나 채집에 성공한 날만 허기를 달랠 수 있었고, 그렇지 않은 날은 쫄쫄 굶었습니다. 인류가 농사를 시작하고도 비가 제대로 오면 겨우 배를 채웠지만, 이런저런 이유로 흉년이 들면 여지없이 굶는 날이 많았습니다. 더욱이 기르는 가축을 쉽게 잡아먹기 어려워, 탄수화물을 제외한 나머지 영양소 부족은 더욱 극심한 상태였을 겁니다.

따라서 우리 몸의 세포가 미래를 위해 에너지를 저장

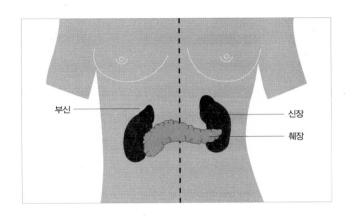

◆ 신장에 얹힌 모자 모양의 부신과 췌장

해놓는 것은 말 그대로 사치였으며, 에너지 저장 관련 유전인자는 필요성이 높지 않아 몸에서 천대받았을 겁니다. 대신에 당장 굶주림의 스트레스에 대항하기 위해 소비를 지향하는, 즉 저장된 글리코겐glycogen을 포도당으로 분해하는 유전인자가 환영받았을 겁니다. 실제로 우리 몸에는 혈중 포도당을 높이는 여러 가지 호르몬이 있습니다.

그중 대표적인 내분비 장기가 신장에 얹힌 모자 같은 모

습의 부신입니다. 부신은 수질(속질)과 피질(겉질)로 구성돼
있는데, 각각 단기 및 장기 스트레스에 대처하는 호르몬을
분비합니다. 부신수질은 시상하부에서 시작한 교감신경이
척수를 거친 후 정보를 전달하는 곳으로, 해부학적으로는
교감신경 형태의 신경계 같지만 호르몬을 분비하는 것을
보면 내분비계 같은 둘의 중간 단계 모습을 띱니다.

부신수질에서 분비되는 에피네프린epinephrine과 노르에
피네프린norepinephrine은 단기 스트레스에 대처하는 호르
몬으로 탄수화물의 저장 형태인 글리코겐을 포도당으로
분해해 혈당치를 높이며, 심장 기능을 촉진시키고 혈관
을 수축시켜 혈압을 올립니다. 이와 더불어 호흡률과 대
사율까지 증가시키는데 이러한 일련의 반응은 사냥감을
잡거나 포식자로부터 도망가는 등 흥분 상태의 스트레스
를 극복하는 데 기여합니다.

여러분은 화를 잘 참는 편인가요? 최근 화를 조절하는
데 어려움을 겪어서 사회 문제를 일으키는 경우가 빈발
합니다. 사소한 일에도 화를 내거나 공격적인 말과 행동

으로 상대방을 위협하는 사람은 화를 낼 때는 폭발적으로 격한 감정을 보이다가, 곧 이어 희열에 가까운 만족감을 느끼고, 화가 풀린 이후에는 스멀스멀 찾아오는 후회나 공허함 등으로 힘들어합니다. 화를 낼 때 심장이 빨리 뛰고 호흡이 빨라지는 이유는, 앞서 설명한 에피네프린과 노르에피네프린이 증가하기 때문입니다.

그러나 대부분의 호르몬이 그렇듯 이 두 호르몬도 분비된 뒤 효소에 의해 순식간에 분해되어 10~20초 정도면 원래 수준으로 되돌아갑니다. 따라서 화가 나더라도 호르몬이 정상으로 돌아가는 시간인 10~20초만 참으면 화를 내지 않을 수 있습니다. 화를 다스리기 위해 참을 인忍 자를 3번 쓰란 옛 어른들의 말은 결국 매우 과학적인 이야기입니다. 10~20초 정도 사이에 화는 사라질 테니까요. 조상들의 경험적 지혜가 느껴집니다.

혈당량을 증가시키는 호르몬은 이뿐만이 아닙니다. 부신피질에서 분비되는 글루코코르티코이드는 장기 스트레스에 대처하는 호르몬으로, 부신수질호르몬보다는 조금 늦게 반응하지만 스트레스를 극복하기 위해 혈당량을 증가시킵니다. 췌장에서 분비되는 글루카곤glucagon 역시 저장된 글리코겐을 분해해 포도당을 만듦으로써 궁극적으로는 혈당량을 증가시킵니다.

성장호르몬은 그 이름이 말해주듯이, 아미노산을 단백질로 세포 내에 저장해 개체를 성장시킵니다. 그러나 탄수화물 대사를 보면, 스트레스호르몬과 같이 저장된 글리코겐을 포도당으로 만들어 혈당량을 증가시킵니다. 갑상선호르몬도 뇌 발육과 올챙이에서 개구리로의 변태에 중요한 역할을 하는 등 성장에 관여하지만, 체온을 올리거나 대사율을 증가시키는 작용과 함께 혈당량을 높이기도 합니다.

앞에서 열거한 대로 우리 몸에서는 혈당량을 높이려는 호르몬이 여러 가지 분비됩니다. 혈당량을 높이는 데 여러 호르몬이 관여한다는 것은, 어느 호르몬 하나가 잘못되더라도 다른 호르몬이 대신할 수 있도록 안전장치를 마련해 혈당량이 낮아지는 것을 막겠다는 우리 몸의 속셈입니다.

반면 혈중 포도당을 글리코겐 형태로 세포에 저장해 혈당량을 낮추려는 호르몬은, 우리 몸에 단 하나뿐입니다. 바로 혼자 고군분투하는 인슐린뿐입니다. 인슐린은 포도당과 함께 아미노산과 지방산을 세포 내에 저장해 각각 단백질과 지방을 만들려는 알뜰한 엄마 같은 호르몬입니다. 저축하는 기능은 불확실한 미래를 헤쳐나갈 소중한 자산입니다.

그러나 문제는 이 일을 인슐린이 혼자 다 한다는 사실입니다. 따라서 인슐린에 문제가 생기면 혈당량을 낮출 수가 없어서 치명적인 병, 당뇨병에 걸리게 됩니다. 당뇨병은 영어로 'diabetes mellitus(디아베이츠 멜리투스)'라 하는데 어원을 따져보면 'sweet urine(스위트 유린, 단 오줌)'을 뜻합니다. 혈당량이 높아서 소변으로 포도당이 나오는 것을 빗댄 말입니다.

만일 우리에게 인슐린과 같이 혈당량을 낮추는 호르몬이 하나만 더 있었다면, 현재 인류가 내분비질환 중 가장 많은 의료비를 지출하고 있는 당뇨병은 발생하지 않았을지도 모르겠습니다.

35.
외할머니가 더 친근하게 느껴지는 이유

여러분은 친할머니와 외할머니 중 어느 분이 더 친근한 가요? 여러 가지 원인이 있겠지만 동서양을 막론하고 많은 이들이 외할머니가 더 살갑게 느껴진다고 합니다. 미국 유타대학교의 크리스틴 호크스Kristen Hawkes 교수는 2004년 「네이처Nature」에 아기를 양육하는 데 할머니의 역할이 중요하다고 밝히면서, 모든 문화권에서 할머니는 아기를 키우는 데 깊이 관여하며, 특히 어머니의 어머니인 외할머니가 친할머니나 아버지보다 더 육아에 기여하는 경우가 많다고 발표했습니다. 외할머니는 양육에 관여하면서 손자 손녀와 쉽게 친해질 수 있을 겁니다.

그러나 비단 이런 이유만일까요? 생물학적인 관점에서 한번 따져보겠습니다. 우리 몸의 미토콘드리아mitochondria는 전적으로 외할머니로부터 온 것입니다. 난자에 있는 미토콘드리아 수는 30만여 개로, 정자의 꼬리 등에 있는 150여 개에 비하면 2,000배에 이릅니다. 그나마 조금 있던 150여 개도 수정하는 도중 난자에 의해 파괴되어, 수정란에 있는 미토콘드리아는 모두 난자에 있던 것입니다. 우리 몸에 있는 미토콘드리아는 이것에서 분화한 것입니다.

즉, 미토콘드리아에 관한 한 아버지에게서는 하나도 받은 것이 없는 셈으로 이것을 미토콘드리아의 모계유전이라고 부릅니다. 어머니는 미토콘드리아를 외할머니에게 받았고, 외할머니는 그 어머니에게서 받아, 결국 우리가 가진 미토콘드리아는 모두 외갓집, 정확히 말하면 외할머니 중에서 가장 윗대의 것을 그대로 물려받은 것입니다. 외할머니가 친할머니보다 손자 손녀와 더 친근한 이유 중 하나가 바로 이 미토콘드리아 때문이 아닌가 생각됩니다.

미토콘드리아가 모계유전이라면, 부계성인 성염색체 Y는 부계유전입니다. Y염색체는 아버지에게서 받았고, 아버지는 할아버지에게서 받았으므로, 손자의 Y염색체는 친할아버지 중에서 가장 윗대의 것을 그대로 물려받은 것입니다. 그렇게 보면 친할아버지와 손자 간의 관계도 만만치 않아 보입니다.

뇌가 큰 일부 조류와 포유류에게는 일부일처의 습성이 있습니다. 울새와 박새는 일부일처이지만, 번식기마다 짝을 바꾸니 일부일처라고 하기가 애매하긴 합니다. 반면 올빼미, 앵무새, 까마귀 등은 한 쌍이 평생을 함께합니다. 다만 일부일처라고 해도 둥지에 있는 알의 유전자는 다양한 경우가 많습니다. 암컷이 바람을 피운 것이죠. 물론 종의 다양성이라는 면에서는 의미가 있지만, 수컷이 이 사실을 몰라서 그렇지 안다면 울화통이 터질 것입니다.

외할머니는 자기 딸이 낳은 아기가 내 미토콘드리아를 갖고 있다는 것을 100퍼센트 확신할 수 있습니다. 아기의 친부가 누구이든 상관없이 말이죠. 그러나 친할머니

는 앞서 언급한 새들처럼 며느리가 낳은 아기가 내 유전
자를 갖고 있는지 100퍼센트 확신할 수가 없습니다. 이
렇듯 본능적으로 손자 손녀에 대한 외할머니와 친할머니
의 생각은 같지 않습니다. 지금이야 유전자검사라는 친
자 감별 기법이 있지만, 예전에는 여러 의심스러운 사항
이 있어도 가슴에 묻을 수밖에 없었을 겁니다. 결국 이것
은 외할머니가 친할머니보다 손자 손녀를 살갑게 대하는
원인으로 작용해 외할머니가 더 친근한 이유가 되었을
것입니다.

난자에는 성염색체 X가 하나 있고, 정자에는 성염색
체 X나 Y 중 하나가 있습니다. X염색체가 있는 난자와 Y
염색체가 있는 정자가 만나면 XY염색체의 아들이 되며,
X염색체가 있는 난자와 X염색체가 있는 정자가 만나면
XX의 딸이 됩니다. 따라서 아들의 X염색체는 어머니의
것과 100퍼센트 같습니다. 반면에 딸의 X염색체는 어머
니 아버지의 것과 절반씩 같습니다.
다음 대로 가면 손녀는 아버지로부터 받은 X염색체와

어머니로부터 받은 X염색체를 모두 가지므로, 결국 친할머니와는 X염색체를 50퍼센트 공유하게 됩니다. 반면에 손자는 어머니로부터만 X염색체를 받기 때문에 친할머니와는 X염색체를 공유하지 않습니다. 대신 어머니는 외할아버지와 외할머니로부터 X염색체를 하나씩 받기 때문에, 손자 손녀는 외할머니와 X염색체를 25퍼센트 공유하게 됩니다. 따라서 X염색체의 공유 정도로 보면 친할머니와 손녀가 50퍼센트로 가장 높고, 외할머니와 손자 손녀가 25퍼센트로 그다음이며, 친할머니와 손자는 0퍼센트로 가장 낮습니다.

영국 케임브리지대학교의 레슬리 냅Leslie A. Knapp 교수 연구팀은 2010년 2월 「왕립학회보 BProceedings of the Royal Society B」에 X염색체 관련 연구결과를 보고했습니다. 연구진은 세계 여러 농촌 지역과 도시 지역 인구 변화를 17세기부터 조사한 결과, 손녀는 친할머니와 살 때 생존율이 가장 높았으며 외할머니와 손자 손녀가 함께 살 때가 그다음, 그리고 손자가 친할머니와 함께 살 때가 생존율이 가장 낮았다고 보고했습니다. 이는 앞서 설명한 X염색체의 공유 정도와 밀접한 연관 관계를 보이는 결과로 학계의 주목을 받았습니다.

어떠신가요? 세상 모두는 누군가의 손자 또는 손녀일 테니까요. 앞서 설명한 이야기가 정말 그런 것 같은가요? 그러나 이와 반대되는 예도 있습니다. 유전적으로 전혀 연관이 없는 입양아가 부모나 조부모의 사랑을 독차지하는 등 생물학적으로 설명할 수 없는 일들 역시 너무 많습니다. 참으로 이해하기 힘든 세상입니다.

36.
산모의 심장박동수가 중요한 이유

자장가는 대부분 3박자입니다. 모차르트의 〈자장가〉 "잘 자라 우리 아가, 앞뜰과 뒷동산에…"는 8분의 6박자이며, 브람스의 〈자장가〉 "잘 자라 내 아기, 내 귀여운 아기…"는 4분의 3박자입니다. 이흥렬의 〈섬집 아기〉 "엄마가 섬 그늘에 굴 따러 가면…"도 8분의 6박자로 3박자죠. 우리나라의 자장가는 아기를 재우기 위한 리듬적인 것과, 아기를 재우는 사람이 부르는 노동요와 같은 것으로 분류됩니다. 서양의 자장가는 영어의 'lullaby(럴러바이)', 이탈리아어의 'ninna nanna(닌나 난나)'처럼 같은 말을 반복해 잠을 재우려는 주술적 흔적이 있습니다. 그러

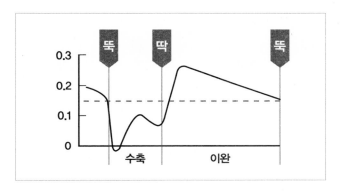

◆ 3박자로 뚝딱거리며 뛰는 인간의 심장

나 어느 형태의 자장가이건 리듬은 대부분 3박자입니다.

　우리의 심장은 뚝딱거리며 뜁니다. '뚝'은 승모판과 삼첨판이 닫히면서 나는 제1심음이고, '딱'은 대동맥판과 폐동맥판이 닫히면서 나는 제2심음입니다. 연속된 심음은 "뚝~딱~~뚝~딱~~뚝~딱"으로 들리며, '뚝'과 '딱' 사이의 기간이 '딱'과 '뚝' 사이 기간의 반 정도입니다. 따라서 심장의 한 주기인 '뚝'에서 '뚝'까지를 대충 3박자 형태의 세 구간으로 나눌 수 있습니다.

아기가 엄마 배 속에서 듣는, 엄밀히 말하면 몸 전체로 느끼는 엄마의 심음은 엄청나게 클 것입니다. 그러나 큰 심음을 무서워하기보다는, 엄마가 살아 있다는 증거인 심음을 안도하면서 즐길 것입니다. 엄마가 살아야 자기도 살 수 있기 때문이죠.

엄마의 심음도 당연히 3박자입니다. 아기는 열 달 동안 이 3박자에 익숙해진 후 분만됩니다. 아기를 안거나 수유를 할 때 되도록이면 아기의 머리가 엄마의 심장이 있는 왼쪽에 오게 하라는 것은, 아기에게 익숙한 엄마의 심음을 듣게 하기 위해서입니다. 당연히 이때도 엄마의 심음은 3박자죠.

자장가가 엄마의 심음에 따라 3박자인 것이 합리적으로 보이지만, 작곡가가 심장박동과 태아의 관계를 알고 곡을 만들었는지는 의심스럽습니다. 실제로 모든 자장가가 3박자인 것은 아니기 때문이죠. 슈베르트의 〈자장가〉 "잘 자라 잘 자라 노래를 들으며…"는 4분의 4박자입니다. 그런데 흥미롭게도 이 자장가는 원래 아기를 재우기 위해 만든 곡이 아니라는 주장도 있습니다. 어머니의 임종을 제대로 보지 못한 슈베르트가 슬픔에 빠져 어머니를 그리면서 이 곡을 만들었다는 설입니다.

좌심실은 '뚝'과 '딱' 사이의 기간에 수축을 하여, 대동맥으로 혈액을 내보냅니다. 동맥혈액은 마치 나뭇가지처럼 온몸으로 분지되어 나간 동맥을 따라 각 장기에 공급됩니다. 이때를 '심실 수축기'라고 하고, 이는 3개의 박자 중 첫 박자에 해당합니다. 이어지는 '딱'과 '뚝' 사이의 기간에는 좌심실이 이완하며 좌심방으로부터 피를 받습니다. 이때를 '심실 이완기'라고 하고 이는 3개의 박자 중 3분의 2인 뒤 2박자에 해당합니다. 관상동맥을 통한 심장의 혈액 공급은 다른 장기와 달리 이 기간에 이뤄집니다. 이유는 심실 수축기에는 심실이 수축하면서 관상동맥을 누르므로 혈액 공급이 쉽지 않으나, 심실 이완기에는 심실이 이완하면서 관상동맥을 풀어주어 혈액 공급이 용이해지기 때문입니다. 관상동맥의 혈류 방향이 다른 동맥의 혈류 방향과 반대 방향이라는 것도 심실 이완기에 혈액이 공급되는 이유입니다.

관상동맥이 심장에 혈액을 공급하는 기간이 심장 주기의 3분의 2라는 것은, 심장의 건강과 인간의 수명에 긍정적인 요소입니다. 심장이 빠르거나 늦게 뛰어도, 심실 수축기인 앞 3분의 1의 기간은 거의 변하지 않는 반면 심실 이완기인 뒤 3분의 2는 변합니다. 따라서 운동선수들처럼 심장박동수를 낮추면 심실 이완기가 길어져서 관상동맥을 통한 혈액 공급이 늘어나 심장이 건강해집니다.

운동 부족인 사람은 대체로 심장박동이 빠릅니다. 심장박동수가 1분당 100번쯤 뛰는 산모가 있다면 심음이 '뚝~딱~뚝~딱~뚝~딱'처럼 빨라 심실 수축기와 심실 이완기의 기간이 거의 같습니다. 따라서 정상 심장박동수인 산모보다 관상동맥의 혈액 공급량은 줄고, 심장박동수의 상승으로 산소 요구량은 증가합니다. 당연히 이 과정에서 산모의 심장에 무리가 가고, 태아 성장에도 저해 요건이 될 수 있습니다. 뿐만 아니라 아기는 3박자가 아닌, 4박자의 행진곡과 같은 엄마의 심장박동을 계속 들어야 하니 잠을 청하기도 어렵습니다.

젊은 여성들은 자신과 미래의 아기를 위해, 지속적으로 운동해 심장박동수를 낮추기 바랍니다. 산모가 건강한 심장을 가졌더라도, 태교를 잘해야 튼튼한 아기를 낳을 수 있습니다. 태교는 방법이 무엇이든 산모가 좋은 생각을 하며 흥분하지 않는 것을 목적으로 합니다. 산모가 흥분하여 심장이 빨리 뛰면, 태아는 배 속에서 끊임없이 행진을 시작할 것이기 때문이다.

37.
O형은 만능 공혈자인가?

많은 사람들이 O형을 모든 혈액형에게 수혈할 수 있는 만능 공혈자로 알고 있습니다. 정말 그럴까요? 간단한 실험을 해보겠습니다.

2개의 통에 O형과 AB형 혈액을 각각 넣습니다. 여러분이 알고 있듯이 AB형은 O형에게 혈액을 줄 수 없지만 O형은 AB형에게 줄 수 있다면, O형 통에 있는 혈액을 AB형 통에 부을 경우 문제가 없지만 AB형 통에 있는 혈액을 O형 통에 부으면 문제가 발생할 것입니다. 그런데 실제 결과는 예상과 같지 않습니다. 두 경우 모두 O형 혈장에 있는 항체(응집소) anti-A, anti-B가 AB형 적혈구막에 있는 항원(응집원) A, B와 응집 반응(적혈구와 적혈구가 서로 얽히면서 막대기처럼 만들어진 후 실핏줄을 막히게 만들어 뇌와 심장에 혈액이 공급되지 못하게 만드는 반응)을 일으킵니다.

그런데 왜 O형만 수혈할 수 있다고 하는 것일까요? 여러분이 아는 것처럼 O형은 다른 혈액형에게 자신의 피를 줄 수는 있지만, 소량(200밀리리터 미만)만 가능합니다. 적혈구막에 있는 항원은 많은 반면 혈장에 있는 항체는 적기 때문입니다. 소량의 O형 혈액에 있는 항체는 양이 적어서 다른 혈액형에게 주입되더라도 응집 반응이 미미합니다. 그러나 AB형 적혈구막에는 항원의 양이 많아서 들어가는 혈액이 소량이라도, 수혈을 받는 사람의 항체와 심한 응집 반응을 일으킵니다.

우리 몸에는 혈관 속에 이물질이 들어오면 이를 공격하는 방어 시스템이 있습니다. 이를 항체라고 합니다. 예방주사를 맞고 몸에 항체가 생겼다고 하는 바로 그 항체입니다. 그런데 피가 원인이 되어 이 항체 시스템으로 인해 심각한 질병에 걸리는 경우가 있습니다. 바로 적아세포증이란 병인데요. 적혈구가 파괴돼 죽음에 이르는 무서운 병입니다. 이 병에 대해서 이야기를 해보겠습니다.

Rh-인 엄마가 Rh+인 아기를 임신하는 경우가 있습니다. 이때 첫째 아기는 상관이 없지만 둘째 아기는 적아세포증에 걸릴 수 있습니다. 첫째 아기가 분만될 때 Rh 항원을 가진 태아 적혈구가 산모에게 역류하여 산모의 혈장에 항체(anti-D)를 만듭니다. 첫아이의 Rh 항원을 내 몸속 이물질로 기억한 셈이죠. 다음에 만나면 언제든지 박살을 낼 수 있도록 말입니다. 그런데 이 항체는 크기가 작아 태반을 통과할 수 있기 때문에, 둘째 아기가 생겨나면 이 아이를 내 몸속 이물질로 판단하고 무차별적인 공격을 합니다. 아이는 공격을 받아 적혈구가 파괴되고 이로 인해 죽음에 이르게 되죠.

혈액으로 인한 이런 불상사는 물론 예방할 수 있습니다. 첫째 아기를 분만하기 72시간 전후에 RhoGAM을 산모에게 주사하면 앞서 설명한 상황과는 다르게 엄마 몸속에 Rh 항원에 대한 항체가 생성되지 않습니다. 물론 다음 아기도 정상적으로 낳을 수 있게 됩니다.

그러나 상황에 따라서는 첫째 아기도 적아세포증에 걸릴 수 있습니다. 정상적인 태반은 적혈구를 통과시킬 수 없지만, 임신 중에 여러 가지 스트레스로 인해 태반이 자궁으로부터 박리되면 태아의 적혈구가 엄마에게 역류되어 엄마 혈장에 Rh에 대한 항체가 만들어집니다. 이 항체는 탯줄을 타고 태아에게 들어가 적아세포증을 일으킵니다. 결과적으로는 첫째 아기가 자기의 적혈구에 의해 만들어진 항체에 의해 공격을 당하는 셈이죠. 만일 Rh-인 여자가 의료사고로 Rh+ 혈액을 수혈받은 적이 있다면, 이 또한 혈장에 Rh에 대한 항체가 만들어져서 태반박리 때와 같이 첫째 아기부터 적아세포증에 걸릴 수 있습니다.

Rh-가 아니라도 O형 여자라면 태아의 건강을 걱정해야 합니다. O형 혈장에 있는 항체 anti-A와 anti-B는 Rh 항체인 anti-D와 같이 태반을 통과할 수 있습니다. 따라서 O형 엄마가 A형이나 B형 아이를 임신하면 엄마의 항체가 태아에게 들어가서 응집 반응을 일으킬 수 있습니다.

이런 문제를 감안해 O형 여자에게 바람직한 해결책 하나를 제시하겠습니다. 마음에 차지 않더라도(?) O형 남자와 결혼하는 것입니다. 그러나 실제로는 ABO 혈액형의 항체는 농도가 매우 낮으며 태아 적혈구의 항원성 역시 미미해, O형 산모의 태아에서 나타나는 응집 반응은 심각한 수준이 아닙니다. 천만다행인 셈이죠. 반면 A형 산모가 갖고 있는 항체 anti-B와 B형 산모가 갖고 있는 항체 anti-A는 태반을 통과할 수 없기 때문에 태아에게 피해를 주지 않습니다.

생각이 깊은 독자라면 '반대로 O형 아기가 A형이나 B형 엄마를 공격하지는 않을까?'라는 의문이 들 수도 있을 겁니다. 답부터 말하면 태아는 ABO 항체를 갖고 있지 않기 때문에 엄마의 적혈구를 공격하지 않습니다. ABO 항체는 아기가 태어나서 ABO 항원과 유사한 형질을 가진 음식을 먹거나 병원균과 접하면서 만들어집니다. 예를 들면 A형 아기가 B형 항원과 유사한 것을 먹으면 이에 반응해 항체 anti-B를 만들며, B형 아기는 A형 항원과 유사한 것에 대해 항체 anti-A를, O형 아기는 anti-A, anti-B 모두를 만듭니다. 따라서 엄마 배 속에 있는 태아는 항체를 만들기 전이므로 엄마의 적혈구를 공격하지 않는 것입니다.

38.
호흡에 대하여

자궁에 있는 아기의 폐 속에는 공기가 아닌 양수가 들어 있습니다. 분만과 동시에 시작되는 흡식(공기를 들이마시는 호흡)은 폐를 양수 대신 공기로 가득 채우고 호식(공기를 내뱉는 호흡)으로 그 공기를 내보내면서 "응애" 하며 고고성을 울립니다. 흡식으로 시작한 호흡은 흡식과 호식을 반복하다가 죽을 때 호식으로 마감합니다. 태어날 때 흡식으로 시작해 죽을 때 호식으로 끝내는 것은 흡식은 에너지가 필요하고 호식은 에너지가 들지 않기 때문입니다. (예외로 나팔을 불거나 풍선을 불 때 하는 강제 호식은 일반 호식과 달리 복근을 수축시켜야 하므로 에너지가 필요합니다.) 숨을 거둘 때 나팔을 불듯이 숨을 내쉬지 않는 이유는 에너지가 들기 때문입니다.

　우리 몸의 장기 중에 내 마음대로 할 수 있는 것이 있을까요? 있긴 합니다. 골격근이 그렇습니다. 내장 장기 중에는 어느 것도 내 마음대로 할 수 있는 게 없습니다. 위나 소장 등의 소화기관은 물론 신장, 생식기관, 내분비 기관 등 어느 것 하나 내 마음대로 할 수 있는 장기가 없습니다. 내 몸인데 내 마음대로 하지 못하는 것이 답답해 보이지만 한편으로는 다행스러운 일이기도 합니다. 만약 심장을 내 마음대로 움직일 수 있다면 심장마비를 일으켜 자살을 쉽게 할 수 있을 겁니다.

　골격근의 도움을 받기는 하지만 내 마음대로 할 수 있는 내장 기능이 하나 있기는 합니다. 호흡을 관장하는 허파가 그렇습니다. 무의식적이거나 잠을 잘 때는 호흡이 자율적으로 이뤄지다가 말을 하거나 악기를 불 때처럼 호흡 조절이 필요할 때는 호흡의 리듬이나 깊이를 내 마음대로 할 수 있습니다. 자율적 호흡은 수면 중에도 이루어

지듯이 연수 호흡중추의 명령에 따라 작동되지만 내 마음
대로 조절하는 호흡은 대뇌의 명령에 따르는 것입니다.

한번 공기를 들이마셔 보십시오. 배가 나오나요, 아니
면 들어가나요. 내 뜻에 따라 들어가게 할 수도 나오게
할 수도 있을 겁니다. 이는 복근이 골격근이어서 마음대
로 조절할 수 있기 때문입니다. 자고 있는 사람의 배를
옆에서 보면 흡식일 때 배가 나오는 것을 알 수 있습니
다. 횡격막이 수축하면 흡식과 동시에 복강에 있는 내장
장기가 아래로 밀려서 배가 나오는 것입니다.

흡식할 때 유입되는 공기는 코털, 기도의 섬모, 점액 등
에 의해 정화된 뒤 폐포에서 가스 교환을 합니다. 연수의
호흡중추가 혼돈 상태가 되어 횡격막이 빠르게 수축되
면 공기가 들어오는 속도가 빨라져 공기가 제대로 정화
될 수 없습니다. 성대는 지저분한 공기가 들어오지 못하
게 입구를 닫아버리게 되는데 이때 닫히면서 나는 소리
가 딸꾹질 소리입니다. 정상 상태에서도 일부러 빠르게
숨을 들이마시면 딸꾹질 소리를 낼 수 있습니다. 딸꾹질
은 반사작용이라 숨길 수가 없으며 숨기려고 하면 할수

록 더 심한 소리가 납니다.

여러분은 딸꾹질이 나면 어떻게 멈추게 하나요? 많은 사람들이 놀라게 하거나 찬물을 마시는 등의 시도를 하지만 가장 과학적인 방법은 비닐봉지를 입에 대고 내쉰 공기를 다시 들이마시는 것입니다. 이것을 어느 정도 하다 보면 혈액의 이산화탄소 농도가 높아지고 혼돈 상태로 딸꾹질을 하던 호흡중추가 안정 상태로 돌아오면서 딸꾹질을 멈추게 됩니다.

자동차를 운전하다 위급한 상황이 발생하면 급하게 브레이크를 밟게 됩니다. 운전자도 조수석에 타고 있던 이도 이런 상황이 발생하면 놀라기는 마찬가지입니다. 이때 공통적으로 보이는 반사작용 중 하나는 놀라서 "흡!" 하며 숨을 순식간에 깊이 들이마시는 것입니다. 뜨거운 것을 잘못 만지거나 아픈 곳에 찔려도 반응은 비슷합니다. 이렇게 순간적으로 깊게 숨을 들이마시는 것은 평소에는 하지 않는 특별한 호흡 방법입니다.

그렇다면 왜 이렇게 놀라는 순간 깊은 흡식을 하는 것

일까요? 위급한 상황은 운전자에게도 그 옆에 타고 있던 사람에게도 엄청난 스트레스로 다가옵니다. 그 순간 몸이 스트레스에 대항하기 위해 많은 산소를 필요로 할지 모른다고 생각해서 깊고 빠른 흡식을 감행하는 것입니다. 우리 몸의 위급 상황에 대처하는 반사작용이면서 기가 막힌 방어전략이라고 할 수 있습니다.

그러나 다행히 사고가 나지 않아 스트레스가 사라지면 에너지가 많이 드는 깊은 흡식을 계속 유지할 필요가 없어집니다. 이때 운전자와 승객은 안심하면서 "휴~" 하고 큰 숨을 내쉬게 됩니다. 우리 몸이 스트레스 상황이 해제됐기 때문에 더 이상 흡식을 유지할 필요가 없다는 것을 알아차린 반응입니다. 혹시 주위에 놀랬을 때 "아유 깜짝이야! 깜짝 놀라서 죽는 줄 알았네!"라고 이야기하는 사람이 있다면 그런 사람은 진짜 놀란 것이 아니므로 너무 걱정하지 마시기 바랍니다. 이야기를 한다는 것은 숨을 내쉬는 행위이고 이는 덜 놀랐다는 증거이기도 하기 때문입니다.

39.
우리 몸의 입력기관

컴퓨터에 키보드, 마우스, 스캐너와 같은 입력장치가 있듯 우리 몸에도 그런 입력장치들이 있습니다. 바로 감각이며 시각, 후각, 청각 등이 모두 이에 포함됩니다. 모든 감각이 생명 유지에 중요하다는 것은 두말할 필요도 없습니다만, 특히 시각은 매우 중요합니다. 눈을 감고 몇 발짝 걸어보면 시각 정보가 얼마나 중요하며 시각장애인이 일상에서 얼마나 큰 위험에 노출되어 있는지 알 수 있습니다.

감각은 크게 방어성 감각과 정보성 감각으로 나눌 수

있습니다. 방어성 감각은 말 그대로 우리 몸을 방어하기 위한 감각기관이며 대표적으로 통각과 가려운 감각이 있습니다. 이 둘은 예민해질수록 질환으로 발전합니다. 복합부위 통증증후군으로 대표되는 만성 통증은 통증의 정도가 심한 경우 아픈 부위를 절단하기도 하며 통증을 견디지 못해 자살을 시도하기도 합니다. 아토피성 가려움증은 증상이 심한 경우 정신질환으로 발전하는 등 인간을 파멸로 몰고 갑니다.

반면 정보성 감각인 후각, 시각, 청각, 미각, 촉각 등은 방어성 감각과는 다르게 예민할수록 삶에 유리한 일이 많습니다. 특히 직업적으로 그렇습니다. 성공한 와인감별사나 바리스타, 음향전문사나 향수감별사 등은 모두 남들보다 예민한 감각을 갖고 있는 이들이니까요.

후각은 가장 원시적인 감각입니다. 원시적이라는 것은 이 감각이 특히 종족 번식이나 먹는 문제와 직결되어 있음을 뜻합니다. 콧구멍이 아래로 향해 있는 것은 후각이 휘발성의 냄새를 맡는 감각이기 때문입니다.

후각은 기억과 관련이 있습니다. 혹시 예전보다 냄새

맡는 기능이 확연하게 떨어진 분이 계시다면 치매를 의심해볼 수도 있습니다. 후각 기능의 저하는 치매의 전조 증상으로 알려져 있습니다. 미국 하버드대학교 브리검 여성병원 레이사 스펄링Reisa A. Sperling 교수 연구팀은 미국 의사협회 학술지 「신경학Neurology」 2019년 2월호에 여성의 치매 발생률이 남성보다 높은 이유를 발표했습니다. 연구팀은 치매와 관련 깊은 베타아밀로이드의 응집과 타우단백질tau protein의 엉킴이 남성보다 여성에서 심하며 특히 뇌의 내후각피질과 기억중추인 해마에서 두드러진 변화를 보인다고 발표했습니다.

시각은 감각의 우두머리입니다. 시신경이 다른 신경과 가장 많은 시냅스를 하고 있기 때문에 붙여진 별명입니다. 사자나 치타와 같은 육식동물의 눈은 앞쪽에 모여 있습니다. 반면 사슴이나 말과 같은 초식동물의 눈은 옆으로 펴져 있습니다. 육식조류인 부엉이의 눈과 곡식을 먹는 참새의 눈도 마찬가지입니다. 사냥감을 쫓는 육식동물은 눈이 앞쪽에 모여 있으면 유리합니다. 사냥할 한 마리에만 초점을 맞추면 충분하기 때문이죠. 그러나 쫓기는 초식동물은 눈이 옆으로 퍼져 시야가 넓어야 유리하며 눈이 튀어나오면 더욱 유리합니다. 그래서 동물의 눈을 보면 그 동물이 먹이사슬의 어디쯤에 위치하는지 알 수 있습니다. 단 육식조류인 독수리의 눈과 물속에서 사냥하는 상어와 돌고래의 눈은 초식동물처럼 옆으로 퍼져 있습니다. 육상동물을 사냥하는 부엉이와는 달리 독수리는 날아다니는 새를 사냥하므로 눈의 위치가 옆으로 퍼져야 유리하며 상어와 돌고래도 공간으로 도망가는 물고기를 사냥해야 하므로 옆으로 퍼진 눈이 유리했을 겁니다.

청각은 시각에 비해 유리한 점을 갖고 있는 감각기관입니다. 우선 장거리 소통이 가능하며 장애물이 있어도 소통할 수 있고 어두운 곳이나 몸 뒤쪽에서 나는 소리도 들을 수 있습니다. 물고기는 귀가 없는 대신 배에 있는 옆줄로 물의 떨림을 감지합니다. 최초의 물고기가 육지로 올라왔을 때 물 대신 공기의 떨림을 탐지하는 기관이 필요해 귀를 만든 것으로 추정됩니다. 소리를 감지하는 달팽이관 안에는 액체(림프)가 있으며 이 액체의 진동으로 소리를 듣습니다. 육상동물이 되고도 여전히 물을 통해 떨림의 정보를 얻고 있는 셈입니다.

　나이가 들면 눈과 귀가 어두워집니다. 신문과의 거리는 자꾸 멀어지며 화면이 큰 휴대전화기를 찾게 됩니다. 걸핏하면 말을 제대로 알아듣지 못해 곤란한 일을 당하기도 합니다. 이 모두가 시각과 청각이 둔해져서 나타나는 일입니다.

　할머니의 음식은 대체로 짭니다. 할머니의 둔해진 미각 탓입니다. 그런 이유로 고혈압이 걱정되는 어르신들이 짜게 드시게 되니 안타까운 일입니다. 짜게 드시면 고혈압이 악화됩니다. 인간은 그렇게 감각이 둔해지면서 죽음에 가까워지는 게 아닌가 하는 생각이 듭니다. 슬프지만 생명체라면 겪어야 할 어쩔 수 없는 현실입니다.

40.
착각하는 뇌

4차 산업혁명은 가상현실과 인공지능으로 대표됩니다. 가상현실은 뇌가 진짜와 가짜를 구별하지 못한다는 점에 기반을 둔 것이죠. 전 세계인이 열광한 '포켓몬 고'는 2016년 호주, 뉴질랜드에서 처음 출시된 위치기반 증강현실 모바일게임입니다. 현실에 디지털 콘텐츠를 중첩해 가짜를 진짜로 오판하게 만드는 증강현실은, 주위 환경이 게임의 일부처럼 느껴지게 만들어 사용자들을 열광케하고 있습니다. 우리나라에서는 구글맵의 몇 가지 문제점 때문에 강원도 일부 지역에서만 운영됐는데도 게임을하면서 일반인들이 들어가서는 안 되는 공공기관이나 병원 수술실에까지 접근을 시도하는 등 웃지 못할 상황이 벌어지곤 했습니다.

게임이 아니라도 인간이 가짜를 진짜로 착각하는 것은 여러 가지가 있습니다. 그중 하나가 꿈입니다. 혹시 자다가 가위에 눌려본 적이 있나요? 가위는 악몽의 우리말로, 꿈 때문에 신음 소리를 내면서 괴로워하는 사람을 보면 우습지만 안쓰러워 깨워주게 됩니다. 집에 도둑이 들어오는 꿈을 꾸면, 운동 계획을 담당하는 전두엽이 '도둑이야!'를 외침과 동시에 줄행랑을 치라는 명령을 대뇌 운동 영역에 하달합니다. 꿈을 진짜라고 오판한 것입니다. 그러나 운동 수행을 담당하는 운동영역은 이 명령을 거부합니다. 가짜라는 것을 눈치챈 거죠. 자고 있는 동안 이런 명령을 다 따른다면 수면이 방해를 받을 뿐 아니라 무의식 상태이므로 위험하기 때문입니다. 실제로 잠을 자는 도중 깨어 돌아다니는 몽유병은 적극적으로 치료해야 하는 심각한 질환입니다.

정신질환자들이 겪는 환청이나 환시도 가짜를 진짜로

착각하게 하는 것입니다. 2018년 12월 31일, 어느 대학 병원에서 외래 진료를 받던 정신병 환자가 담당 교수를 살해하는 안타까운 사건이 발생했습니다. 추측하기에 이 환자는 담당 교수를 살해하라는 환청을 들었을 것입니다. 문제는 환자가 이것을 진짜라고 굳게 믿은 것입니다. 만약 가짜와 진짜를 구별할 수 있었다면 이런 사건은 발생하지 않았을 것입니다.

마약에 취하면 무릉도원에 온 것처럼 느껍니다. 평소에는 평범하게 느꼈던 자극을 황홀한 자극으로 오판하는 것입니다. 마약에서 빠져나오고 나면 부질없었다고 후회하겠지만, 그 당시에는 가짜를 진짜라고 굳게 믿게 됩니다. 마약보다 강도는 약하지만 술도 비슷한 효과를 발휘하죠. 입력의 오류라는 면에서 보면, 마약이나 술에 취해 한 행동과 정신질환자가 환청을 듣고 한 행동이 크게 달라 보이지 않습니다.

수학이나 물리 시험 문제를 풀 때, '아하!' 하면서 정답을 알아냈던 기억이 있을 겁니다. 다른 동물에게는 없는 이 통찰 기능은 뇌의 전두엽이 주도하는 것으로 인간을 현 위치에 있도록 한 동력입니다. 적절한 입력 없이도 불현듯 해답을 떠올리는 통찰력은, 입력이 없다는 면에서 가상현실과 유사한 면이 있습니다.

대상포진은 심한 통증과 수포가 발생하는 바이러스 질환입니다. 대상포진 바이러스가 통각신경을 활성화시켜 유발되는 통증은, 만성화되는 경우 자살을 기도할 정도로 심각합니다. 그러나 바이러스의 활동이 더 심해지면, 통각신경이 흥분하다 못해 파괴되어 통증 대신 가려움증이 유발되기도 합니다. 우리가 가려운 곳을 긁는 이유는 무엇일까요? 긁어서 그 부위를 아프게 하려는 것입니다. 아프게 하면 통각신경이 가려움 신경을 차단해 가려움을 없애주기 때문이죠. 만일 통각신경이 없어진다면 가려움을 제어할 수가 없을 겁니다. 바로 이것이 대상포진에 의해 통각신경이 파괴된 후 가려움증이 유발되는 기전입니다.

대상포진 가려움증이 심한 환자는 긁어서 피부를 없애고 그 밑의 근육은 물론 뼈까지 손상시키기도 합니다. 잘 알다시피 가려운 감각은 피부에만 있습니다. 근육이나 뼈에 가려움 신경이 없다는 것은 비전문인이라도 알 수 있는 내용이죠. 그런데 왜 이 환자는 가려움 신경이 없는 근육과 뼈까지 긁어서 손상시켰을까요? 아직 이유가 정확히 밝혀지지는 않았지만, 그 부위가 가렵다는 것이 뇌에 기억되었기 때문으로 추정됩니다. 그러나 틀림없는 것은 피부가 없어진 후에도 가렵게 느껴지고 계속 긁는 것은 뇌가 가짜를 진짜로 착각했기 때문입니다.

환상통phantom limb pain은 팔이나 다리의 절단 부위에 발생하는 감각 이상입니다. 절단 환자의 50~80퍼센트가 겪는다는 환상통은, 가벼운 불편함부터 극심한 통증까지 다양하게 나타나며 열감, 냉감, 간지러움, 압박감, 쓰라림 등을 느끼기도 합니다. 일부 환자에서는 절단 부위가 짧거나 뒤틀린 듯한 왜곡된 감각으로 느껴지기도 합니다.

예전에는 절단 부위의 상처가 치료됐음에도 고통을 호소하며 꾀병을 피우는 것으로 오인했지만, 손상 부위 때문이라고 추정한 이후에는 절단 부위를 더 잘라내는 끔찍한 치료를 시도했습니다. 추측하겠지만, 이 치료 후 통증이 완화되기는커녕 새로 절단한 부위에 새로운 환상통이 생겨 기왕에 있던 환상통과 겹치는 사태가 벌어지기도 했습니다.

다행히 환상통은 오래 걸리지만 저절로 완화되므로 치료가 대증요법 중심으로 이뤄지다가, 인도의 뇌의학자 라마찬드란Ramachandran 박사가 거울로 환상통을 치료하는 법을 개발해서 학계의 관심을 끌었습니다. 방법은 생각보다 매우 간단합니다. 팔 하나를 잃었다면, 반대쪽 팔을 거울에 비춰서 잃어버린 팔이 있는 것처럼 뇌를 오판하게 하는 겁니다. 치료율 때문에 학자 간에 이견이 있기는 하지만, 없는 팔을 아프다고 착각하는 뇌를 거울로 다시 착각하게 해 치료한 것은 뇌를 속인 기발한 방법입니다.

꿈속에서 호랑나비가 되어 날아다녔던 장자가 잠에서 깨어 "내가 호랑나비 꿈을 꾼 것인지, 호랑나비가 내 꿈을 꾸고 있는 것인지 모르겠다"라고 말한 '호접몽'과 같이, 때로는 우리가 겪는 것 중 어느 것이 진실인지 밝히기가 쉬워 보이지 않습니다. 순간순간 정신을 바짝 차리고 살아야겠습니다.

41.
자연은 교과서

공기청정기가 작동하는 연구실에서 창 너머 미세먼지 속을 날아다니는 새들을 보자니 미안하기 그지없습니다. 2019년 3월 6일은 서울과 인천이 전 세계에서 각각 미세먼지 1위와 2위를 차지한 날입니다. 방글라데시 다카, 인도 델리, 중국 상하이 등 미세먼지가 전 세계 최고 수준이라고 알려진 도시들을 모두 제치고 서울과 인천이 치욕의 영예를 안은 것입니다. 미세먼지에 관한 한 일말의 책임도 없고 이 엄청난 상황을 예상조차 못했을 수많은 생물들은 마스크나 공기청정기 없이 야외에서 무방비로 당하고 있습니다. 수일 전 최악이었던 자국의 미세먼지 덩어리가 편서풍에 의해 한반도로 이동한 것을 뻔히 아는 중국 관리들은 모르쇠로 일관하고 있고, 힘없는 우리나라는 당장은 영양가가 없어 보이는 탈원전 공방의 늪에 빠져버린 듯합니다. 이래저래 답답한 국민은 마스크와 공기청정기의 판매량을 연일 최고치로 갱신시키고 있으니 이 상황을 새들은 어떻게 바라볼지 궁금합니다.

2018년 6월 필자의 연구팀에서 국제 저명 학술지인 「피부과학저널」에 미세먼지가 아토피 피부염에 미치는 영향을 보고했습니다. 실험을 위해 아토피 피부염 실험동물과 정상 동물을 미세먼지가 든 통에 매일 2시간씩 5주간 넣어두었습니다. 실험 결과 정상 동물은 아토피 피부염 증상을 보이지 않았지만, 아토피 피부염 실험동물은 긁는 행동과 피부염이 심해지는 등 아토피 증상이 악화됐습니다. 아토피 환자가 미세먼지를 특별히 더 조심해야 한다는 것을 알려주는 연구결과입니다.

이참에 바이오매스 이야기를 좀 해보면 좋을 것 같습니다. 바이오매스는 광합성을 통해 생산되는 바닷속 조류 및 육상식물 자원, 즉 풀, 나뭇가지, 잎, 뿌리, 열매 등을 일컫습니다. 최근에는 보다 넓은 의미로 톱밥, 볏짚 등과 같은 농림업 부산물을 포함한 유기성 폐자원과 음식쓰레기, 축산 분뇨까지 모두 바이오매스로 분류합니다.

식물과 동물은 자기의 대사 노폐물을 또 다른 누군가가 쓰도록 하는 재주가 있습니다. 동물이 노폐물로 버린 이산화탄소와 물을 식물은 광합성의 원료로 사용하며, 식물이 버린 산소를 동물은 없어서는 안 될 물질로 생각합니다. 노폐물을 서로 주고받으며 하나도 버리지 않고 잘 작동시키고 있는 생태계의 선순환 사이클은 여기서 그치지 않습니다. 순환 사이클을 잘 돌리던 동물과 식물이 죽으면 미생물이 그 모든 사체를 무기물로 분해해버리는 좀 더 넓은 차원의 물질순환 사이클을 작동시켜 모든 것을 원위치로 갖다놓습니다. 항상 환경오염으로 걱정하는 지구에게는 더할 나위 없이 고마운 과정입니다.

대체에너지라고 부르는 바이오매스의 숨은 뜻은 미생물의 분해자 역할을 인간이 대신해 에너지를 얻자는 것입니다. 장작불로 밥을 짓고 횃불로 어둠을 밝히는 것이 바이오매스를 직접 이용하는 것이라면 술이나 요구르트를 만들거나 풀을 썩혀 퇴비를 만드는 것처럼 미생물의 도움으로 바이오매스를 변환시키는 것도 있습니다.

가장 각광받는 바이오매스에너지로는 생물자원을 발효시켜 만드는 알코올이나 메탄가스 등이 있습니다. 옥수수나 사탕수수 등을 공장에서 대량으로 발효시키면 알코올이 생산되며 이를 자동차나 냉난방 연료로 사용할 수 있습니다. 연료 사용 후 발생하는 이산화탄소를 옥수수나 사탕수수의 광합성에 재이용하는 것이 바이오매스에너지의 기본 개념으로, 전체적인 흐름이 생태계의 물질순환 사이클과 유사합니다. 바이오매스에너지의 최대 강점은 폐기물까지도 활용하는 환경친화적 시스템에 의해 생산되므로 환경오염을 줄일 수 있다는 것입니다. 미세먼지를 포함한 화석연료의 환경오염을 감안한다면 몇 가지 단점에도 바이오매스를 개발할 가치가 있습니다.

미국 에너지부 산하 로렌스버클리 국립연구소 연구팀은 2019년 3월 미생물 학술지 「네이처 마이크로바이올로지Nature Microbiology」에 나무를 갉아먹는 딱정벌레가 장내 미생물과 공조해 생태 시스템에 어떻게 기여하는지 보고했습니다. 연구팀은 딱정벌레의 똥이 자기가 갉아먹은 나무의 질소보다 3배 많은 질소를 함유하며, 리그닌lignin이나 셀룰로오스cellulose 같은 식물 고분자가 수소와 에탄올, 메탄 등의 바이오 연료로 전환되는 것이 딱정벌레와 장내 미생물의 공동 작품이라고 주장했습니다. 놀라운 것은, 이것이 전 세계 과학자들이 목재 바이오매스를 에너지로 효율성 있게 전환시키고자 했던 바로 그 작업이라는 점입니다. 답은 결국 자연에 있었던 것이죠.

아프리카에 사는 초식동물들의 똥은 아프리카 전체를 부패시킬 수 있을 정도의 어마어마한 양이지만 고맙게도 쇠똥구리가 먹이로 처리해 화를 면하고 있습니다. 아직도 서부 경남이나 제주도에서 볼 수 있는 흑돼지가 인간의 똥을 먹고 건강하게 자라는 것을 보면 환경을 파괴하는 것으로만 알았던 인간이 똥으로나마 자연에 기여하는 것 같아 씁쓸합니다.

42.
인공지능 시대에 대처하는 우리의 자세

이기적인 유전자는 지구상에 수많은 생명체를 만들어놓았습니다. 지렁이부터 인간까지 어느 것 하나 이기적이지 않은 것이 없습니다. 종이나 개체의 생존을 유지하기 위한 방편일 겁니다. 만일 돌연변이로 이타적이기만 한 개체가 나타났다면, 생존 경쟁에 불리하여 도태됐을 것입니다.

이기적 유전자가 만든 생명체 중 최고 걸작품은 인간입니다. 뛰어난 전두엽 기능으로 통찰력을 통한 창의성이 있으며, 언어 기능과 뛰어난 지능을 발판으로 이야기를 만들 줄 아는 인간은, 소통을 통한 분업과 교역을 바탕으로 다른 동물과의 경쟁에서 압도적인 우세를 점했고 결국 지구를 정복했습니다. 이게 전부라면 이기적 유전자는 분명 성공한 자식을 바라보는 부모의 마음으로 인간을 흡족하게 생각했을 것입니다.

그러나 인간의 뇌는 이기적 유전자가 미처 생각하지 못한 심성도 갖고 있습니다. 남을 향한 측은지심, 봉사, 배려가 바로 그것입니다. 내 것을 남에게 베푸는 마음은 이기적 유전자로 이뤄진 개체가 쉽게 받아들이기 어려운 부분입니다. 쉽게 도태될 가능성이 있기 때문이죠.

그러나 인간은 다른 동물이 갖고 있지 않은 이타적인 심성을 갖고 있으며, 인간 집단에서는 이타적인 사람일수록 높게 평가를 받습니다. 이타적 심성의 발생 원인이나 그에 따른 결과가 어떻게 됐든 제작자인 이기적 유전자의 입장에서는 혼란스럽고 속이 탈 노릇입니다. 더구나 남을 위해 내 목숨을 바친 의인에 대한 이기적 유전자의 생각은, 의인의 부모님 생각과는 같을지 몰라도 인간 집단의 평가와는 완전히 상반됩니다. 어쨌든 이기적인 유전자의 걸작품인 인간의 뇌는 유전자와 전혀 다른 생각을 갖고, 유전자를 배반한 모양새가 되었습니다.

산업혁명은 18세기 중엽 영국에서 일어나 유럽으로 퍼진 기술혁신입니다. 산업혁명의 기반은 에너지를 전환시킨 것이죠. 산업혁명 이전에는 기계적 에너지를 기계적 에너지로 평범하게 이용했습니다. 바람을 이용해 돛단배를 움직이는 것이 그 예입니다. 그러나 산업혁명 이후에는 불과 증기를 이용해 자동차를 움직였습니다. 다시 말해 열에너지를 기계적 에너지로 획기적으로 전환시켜 이용했습니다. 생명체가 근육을 수축시킬 때, ATP라는 화학에너지를 액틴-미오신actin-myosin의 수축이라는 기계적 에너지로 이미 수억 년 동안 전환해왔던 것을 생각해보면 산업혁명의 에너지 전환은 너무나 미미해 보입니다.

산업혁명 이후, 석탄으로 일으킨 증기의 위력으로 수많은 기계들이 발명되어 산업의 발전을 주도하게 됐습니다. 방직기 등에 의해 면공업이 엄청나게 발전한 것을 시작으로 철 관련 산업, 기계공업, 석탄업이 뒤따랐습니다. 19세기 초에는 증기기관차가 발명되어 곳곳에 철도가 놓이면서 운송이 원활해졌고, 기계를 이용해 제품이 대량으로 생산되는 체제를 갖추면서 산업혁명의 절정을 맞이했습니다.

'증기'가 주도했던 1차 산업혁명은 '조립'과 '정보'의 시대를 지나 현재 4차 산업혁명인 '융합'의 시대에 이르렀습니다. 4차 산업혁명이라는 단어에 거부감이 있는 사람들은 각각의 '차'를 나눈 경계가 불분명하다고 말합니다. 일리가 없는 것은 아니지만 여느 날과 같은 하루인 12월 31일과 1월 1일을 우리끼리의 약속으로 다른 해에 배정한 것처럼, 그냥 받아들이는 것이 좋을 듯합니다.

모든 기계는 인간의 편안한 삶을 위해 만들어졌습니다. 방직기부터 자동차, 컴퓨터, 비행기까지 모두 마찬가지죠. 인간이 만든 기계 중 최고의 걸작품은 무엇이라고 생각하나요? 여러 의견이 있겠지만 현재까지는 인공지능이 정답일 것입니다. IBM의 '왓슨Watson'은 미국 내 유명한 의대 교수들의 1년간 진료 결과를 채점해 많은 의사들을 경악케 했습니다. 의대 교수들이 수행한 1년간의 모든 의료 자료를 분석해 결론을 내렸다는 것이 대단했고, 왓슨이 머지않아 의대 교수의 자리를 차지할 가능성 때문에 두려웠을 것입니다.

'알파고'가 이세돌 9단과 대결했을 때도, 세계인 모두가 가졌던 약간의 기대는 무참히 무너지고 이세돌 9단의 참패로 끝나버려 두려움이 엄습했던 것입니다. 이는 '당장 10년 안에 일하는 사람의 절반 이상이 인공지능 때문에 일자리를 잃을 수 있다'는 연구결과가 보고됐기 때문이기도 합니다. 심하게 말하면 인공지능은 우리를 집에서 똥이나 만드는 기계로 만들어버릴지도 모릅니다. 이기적인 유전자가 자기의 걸작품인 인간의 뇌에게 철저하게 배반을 당했듯이, 우리도 우리의 걸작품인 인공지능에게 무참히 당할지 모른다는 것이죠.

이제 우리는 어떻게 해야 할까요? 우선 우리에게는 있는데, 인공지능에게는 없는 부분을 찾아서 공략해야 합니다. 통찰력을 통한 창의성이 그것입니다. 알파고가 기존의 바둑 대국 정보를 바탕으로 모든 경우의 수를 동원

해 이세돌 9단을 이길 수는 있어도, 바둑이라는 게임을 만들지는 못합니다. 인공지능이 창의적이지는 못하다는 말입니다. 인공지능이 가진 모든 정보는 인간이 통찰력을 바탕으로 "아하!"를 외치면서 알아낸 것들입니다. 이 정보를 인공지능에게 주지 않으면 인공지능은 굶어 죽을 것입니다. 당신이 무슨 일을 하든 창의력을 발휘해 새로운 정보를 알아내고 이것을 인공지능에게 먹이 주듯 주면서 인공지능을 반려동물처럼 만들면 둘의 상하 관계가 분명해질 것입니다.

사자가 얼룩말을 잡을 때, 재수가 없으면 얼룩말 뒷발에 차여 이가 다 빠질 수 있습니다. 이가 빠진 사자는 곧 사망할 테죠. 동료가 먹이를 잡아다 줘도 이가 없어서 고기를 먹을 수 없기 때문입니다. 사냥을 했던 우리 조상도 나이가 들어 이가 빠지면 살아가기가 쉽지 않았습니다. 동료가 고기를 갖다줘도 먹을 수 없었기 때문이었죠. 그러나 인간은 달랐습니다. 이가 빠진 노인의 효자가 궁리 끝에 그릇을 만들었습니다. 이 효자는 그릇에 잡아온 고기와 물을 넣고 밑에서 불을 피워 끓일 생각을 했습니다.

머릿속에는 설렁탕이 그려져 있었던 것 같습니다. 이 효자가 "아하!"를 외치면서 그릇을 만든 것은 약 2만 년 전일입니다. 인공지능은 분명 이런 생각을 할 능력이 없어 보입니다. 다행입니다.

맺음말

인공지능과 가상현실이 범람하는 4차 산업혁명 시대에 인간은 제대로 살아남을 수 있을까요? 이대로 시간이 계속 흐른다면 인간이 방구석에 버려진 휴지조각 신세가 될 것 같아 불안합니다. 인간이 멸종되고 있는 여러 생물 중 하나가 되지 않으려면, 우선 인간에 대해 정확히 알아야 합니다. 인간에 대한 정확한 정보가 있어야 멸종에 대한 대책이건 보완책이건 내놓을 수 있을 것입니다.

　이 책에서는 인간을 하나의 생명체로 파악함과 동시에 인체의 구조와 기능을 인문학적으로 재해석하려고 시도했으며, 이를 통해 인간이 인공지능보다 나은 부분을 찾으려고 노력했습니다. 인간이 독보적으로 갖고 있는 눈의 흰자위는 상대방과의 소통을 고차원적으로 끌어올려 인간 고유의 교감 능력과 협동심을 갖게 합니다. 이는 인공지능이 절대로 흉내를 낼 수 없는 부분입니다.

불현듯 떠오르는 기가 막힌 생각, 통찰력 또한 인공지능에게는 없는 인간의 독보적인 능력입니다. 인공지능은 많은 정보를 처리할 줄은 알아도 통찰력을 발휘하지는 못합니다. 알파고가 바둑에서는 이세돌을 이길지는 몰라도 바둑이라는 게임을 만들 수는 없습니다. 천만다행입니다. 알파고가 아무리 바둑을 잘 두더라도 바둑을 만든 인간보다는 하수이기 때문입니다. 아무쪼록 인류가 4차 산업혁명에 잘 대처해, 인공지능이 지금의 컴퓨터같이 모든 사람들의 비서처럼 쓰이기를 기대해봅니다.

지구의 총 생물량 중 인간이 차지하는 비율은 겨우 0.01퍼센트입니다. 인간이 지구 생물량의 1만분의 1밖에 되지 않는다는 사실은, 우리가 자연에 얼마나 겸손해야 하는지를 알려주는 소중한 자료라고 생각합니다. 이 책

에서는 인간이 지구의 모든 것을 독차지하려는 게 잘못
됐음을 전하고자 했습니다. 이를 위해 인간을 다른 생명
체와 비교 분석했고, 모든 사람이 당연한 것처럼 여기는
100세 시대에 대한 심오한 고찰도 함께했습니다.

자기가 사는 환경을 파괴하는 것이 바이러스와 인간뿐
이라는 사실은 아직도 믿어지지 않습니다. 바이러스는 그
렇다고 치더라도 인간이 환경을 파괴하는 것은 '현명한
인간'이라는 뜻의 호모 사피엔스와는 어울리지 않는 어
리석은 만행입니다. 환경이 파괴되는 것보다 아기를 낳지
않아서 인구수가 줄어드는 것을 더 큰 재앙으로 생각하
는 것 자체가 어리석어 보입니다. 얼마 전까지 아기를 적
게 낳아야 한다고 난리를 쳤던 인류가, 지금은 정점을 찍
은 듯한 75억 남짓 인구수를 모범 답안으로 생각하고, 아
기를 낳지 않아서 인구수가 줄어들면 지구가 멸망할 것
처럼 공포심을 조장하는 것이 안쓰럽기까지 합니다.

지금이라도 늦지 않았으니 지구의 생물과 환경에 대해
정확히 파악하고, 다른 생명체와 더불어 살아갈 궁리를
하는 것이 올바른 판단입니다. 지구가 인류를 위해 만들

어진 것으로 오판하고 있다면 지금 당장 그 생각을 버리십시오. 지구가 평평하다고 생각했던 우리 선조들의 주장보다 훨씬 어리석은 생각이기 때문입니다.

책이 나오기까지 음으로 양으로 도움을 준 이와우출판사의 우재오 대표께 감사의 마음을 전합니다. 강의용 생각과 내용을 문장으로 정리하도록 북돋아준 장본인이기 때문입니다. 아내 김희진 교수는 연세대학교 원주 캠퍼스에서 생명과학을 가르치고 있습니다. 새로운 논문이나 책을 놓고 항상 토론하기 때문에, 이 책을 쓰면서 아내에게 얼마나 큰 도움을 받았는지 헤아리기조차 어려울 정도입니다. 미국에서 유학 중인 아들 나경준도 원고를 수정하는 데 도움을 주었습니다. 독자의 입장에서 비판해달라는 부탁에 걸맞게, 비전문인이 이해하기 어려운 부분과 구체적인 설명이 생략된 부분을 정확하게 지적해 흐름이 부드러워지는 데 도움을 주었습니다. 모두에게 고맙게 생각합니다.